职业类院校精品推荐教材
职业教育教学改革示范成果
全国职业教育“十三五”规划教材

数　　学

主　编　马玉军　金　科
副主编　武新杰　张　莹
参　编　陈　锐　关　键　崔立书
主　审　辛红兵　任国军

请扫描二维码，安装 App，免费下载本书电子版。

北京交通大学出版社
·北京·

内 容 简 介

本教材根据职业教育教学特点，将职业教育工科类专业所需数学知识进行了重点介绍，在内容编排上由浅入深，创新地使用了“闯关式”任务驱动的编写手法，是一本切实贯彻职业教育教学改革精神的示范教材。本教材分为计算基础、函数基础、三角函数三个项目，在传授知识的同时，使学生对数学产生兴趣，形成数学思维，进而具备可持续学习的能力。

本教材可作为中等职业技术学校数学基础课教材，也可作为数学爱好者的参考用书。

图书在版编目（CIP）数据

数学/马玉军，金科主编. —北京：北京交通大学出版社，2016.9

ISBN 978 - 7 - 5121 - 3060 - 9

Ⅰ. ①数… Ⅱ. ①马… ②金… Ⅲ. ①数学 - 职业教育 - 教材 Ⅳ. ①O1

中国版本图书馆 CIP 数据核字（2016）第 263901 号

数学

SHUXUE

策划编辑：刘 辉　　责任编辑：刘 辉

出版发行：北京交通大学出版社　　电话：010-51686414　　http：//www. bjtup. com. cn

地　　址：北京市海淀区高梁桥斜街 44 号　　邮编：100044

印 刷 者：北京艺堂印刷有限公司

经　　销：全国新华书店

开　　本：185mm × 260mm　　印张：11. 5　　字数：278 千字

版　　次：2016 年 9 月第 1 版　　2016 年 9 月第 1 次印刷

书　　号：ISBN 978 - 7 - 5121 - 3060 - 9 / O · 158

印　　数：1 ~ 2000 册　　定价：29. 00 元

本书如有质量问题，请向北京交通大学出版社质监组反映。对您的意见和批评，我们表示欢迎和感谢。

投诉电话：010 - 51686043，51686008；传真：010 - 62225406；E-mail：press@ bjtu. edu. cn。

职业类院校精品推荐教材

编审委员会

前　言

在进入职业院校的学生当中，多数在中学时学习成绩一般，没有学习兴趣，甚至有些学生在初一、初二就放弃了学习，因此，他们在职业学校的学习态度就是混日子、打发时间、混毕业证，最后找个工作就业。学习基础较差加上没有养成良好的学习习惯、缺少学习方法，导致中职学生的学习能力较弱，尤其对于数学这门学科，他们更是缺少自信和热情，表现出消极回避的态度。

大家都知道数学这门课的重要性，它不仅是“大脑思维的体操训练”，同时也是其他学科的基础！一般数学思维不好的人，逻辑分析、推理能力也较差，在学习和工作中很难提高效益和效率。在大中专院校里，数学课作为文化基础课，是学习其他专业基础课和专业方向课的基础！这就意味着，如果数学学不好，电工课、制图课、机械基础课和其他专业课的学习效果都会受到影响。

针对职业院校学生的自身情况和学习现状，以及数学课的重要性，在数学课仅有五六十个课时的条件下，我们数学课课改小组解放思想，打破了传统的数学教学模式体系，开发了这本具有针对性的数学课改教材。在课改理论上，我们的宗旨首先是“拿来主义”，选择满足其他学科最需要的数学基础知识作为教学内容，其次是引入“项目”“任务”“关”等先进的教学方法引导学生学会这些知识。我们课改小组首先找专业基础课和专业方向课的老师进行调研，搜集他们最需要我们向学生讲授的数学知识点；其次，课改小组购买了相关的参考书以学习、借鉴其他兄弟院校的教学改革成果；最后，课改小组针对我院学生的自身特点，制定了“闯关式教学模式”的课改方案。我们设计的课程内容由浅入深，知识点一环套一环，以此为“关”，学生只有掌握了第一“关”才能去学习第二“关”，否则无法继续学习下去。在每一“关”里，我们借鉴了日本的公文式学习法，设计了递进式的学习过程。课堂上，学生能够自己学习和推导，成为学习的主人，提高了学生学习的主动性。学生闯过一“关”又一“关”，知识“美景”引人入胜，有利于建立学习的兴趣和信心。课改的愿景是：数学课堂不再是教师的一言堂，教师只是起辅助引导和总结的作用，这样的教学，真正实现学生是主体、教师是主导的现代教学改革理念。本教材还结合我校课程考核指标体系改革的特点，在教学目标中增加了“应知目标”，开篇就让学生知道本次课学习的“底线”，做到目标明确、心中有数。通过本书的学习，虽然学生只是掌握了一些基础的数学知识，但是在学习过程中建立起来的对数学的兴趣和自信是难能可贵的！纸上得来终觉浅，绝知此事要躬行，通过本书学习，学生在实操实践中去感受数学、去亲身触摸数学、去亲身推导数学的公式，达到印象深刻，学得扎实的学习效果。学生在学会数学知识的同时，还学会了一定的数学学习方法，在今后的学习和工作中，学生能凭借学到的数学知识和方法，以点带面地、通过自学去解决可能遇到的更复杂的数学问题，做到学习能力的可持续发展！我们坚信：教会学生的数学知识是重要的，培养学生的学习能力更重要！希望我们的课改教材，既能授学生以鱼，又能授学生以渔！

本课改教材包括三大项目：计算基础、函数基础和三角函数。本教材由马玉军、金科担任主编，武新杰、张莹担任副主编，陈锐、关键、崔立书参编，辜红兵、任国军主审。由于时间紧、任务重，本课改教材难免有错误和不当之处，课改小组真诚地希望使用本教材的教师和学生向我们反馈信息，期待读者的批评指正！在此深表感谢！

课改小组

2016 年 7 月

目　　录

项目 1　计算基础

项目 2　函数基础

项目 3　三角函数

项目1

计算基础

项目描述

本项目的主要内容包括：分数的四则运算、乘方运算、开方运算，以及一元一次方程、二元一次方程组和三元一次方程组的解法.

以上内容都是最基本的数学计算知识，无论是专业基础课还是专业方向课都离不开这些计算，因此每一个内容都是重要的，每一种计算能力都是必须掌握的！此外，学生还要掌握这些计算的基本概念和原理，为解决今后遇到的更复杂的计算问题打好基础.

项目整体教学目标

➢知识目标

掌握分数的四则运算、乘方运算、开方运算，以及一元一次方程、二元一次方程组和三元一次方程组的解法，培养熟练的计算能力和公式应用能力.

➢能力目标

通过在教师引导下探索新知的过程，培养观察、分析、归纳问题的自学能力，为今后的可持续学习打下基础.

➢素质目标

通过计算基础的学习，锻炼耐心、细心，培养解决困难的毅力和吃苦精神.

任务 1.1　分数的加减法运算

1.1.1　教学目标

1. 知识目标

（1）在中学阶段所学分数知识的基础上，了解分数产生的原因，理解分数的意义；

（2）掌握分数的加减法运算法则 .

2. 能力目标

（1）通过认识分数的意义，培养学生的抽象、概括能力；

（2）能进行分数的加减法运算 .

3. 素质目标

（1）培养分析问题、解决问题的能力 .

（2）培养熟练的初等数学计算能力 .

4. 应知目标

（1）分数加法计算 .

$\frac{3}{4}+\frac{1}{4}=$

$\frac{7}{5}+\frac{1}{5}=$

（2）分数减法计算．

$\frac{3}{4}-\frac{1}{4}=$

$\frac{7}{5}-\frac{1}{5}=$

1.1.2　核心知识

第一关　分数的意义

1．分数知识回顾

分数定义：把单位“1”平均分成若干份，其中一份或几份都可以用分数来表示．

表示其中一份的数叫作这个分数的分数单位.

单位“1”的概念：________________________.

分数单位：________________________.

最大公约数：________________________.

最简分数：________________________.

2. 分数基础应用

（1）一堆糖，平均分成三份，两份是这堆糖的______分之______.

$\frac{1}{2}$表示的意义：________________________.

$\frac{5}{6}$表示的意义：________________________.

（2）$\frac{2}{7}$是把单位“1”平均分成________份，表示其中________份的数.

（3）$\frac{7}{11}$的分数单位是________，有________个这样的分数单位，再添上________个这样的分数单位就是自然数的“1”.

（4）把$\frac{9}{12}$化成最简分数是________，把$\frac{24}{30}$化成最简分数是________.

3. 分数的计算基础

把下列各数化成最简分数，再比较各组分数的大小.

（1）因为$\frac{12}{16}=$________，$\frac{9}{12}=$________，所以________________.

（2）因为$\frac{4}{12}=$________，$\frac{5}{20}=$________，所以________________.

（3）因为$\frac{4}{14}=$________，$\frac{9}{21}=$________，所以________________.

（4）因为$\frac{70}{35}=$________，$\frac{90}{40}=$________，所以________________.

第二关　同分母分数的加减法

1. 知识要点

同分母分数加减法法则：________________________.

2. 利用法则求解

（1）$\frac{2}{9}+\frac{5}{9}=$__________.

（2）$\frac{2}{7}+\frac{5}{7}=$__________.

(3) $\frac{5}{8}-\frac{1}{8}=$__________.

(4) $\frac{17}{20}-\frac{3}{20}=$__________.

(5) $\frac{7}{6}+\frac{7}{6}=$__________.

(6) $\frac{5}{8}-\frac{1}{8}=$__________.

(7) $\frac{3}{14}+\frac{5}{14}-\frac{7}{14}=$__________.

第三关　异分母分数加减法

1. 知识要点

最小公倍数：____.

异分母分数加减法法则：________________________________.

2. 利用法则求解

(1) $\frac{1}{2}+\frac{1}{3}=$____________________.

(2) $\frac{2}{3}+\frac{1}{4}=$____________________.

(3) $\frac{1}{4}+\frac{1}{6}=$____________________.

(4) $\frac{1}{2}-\frac{1}{3}=$____________________.

(5) $\frac{2}{3}-\frac{1}{4}=$____________________.

(6) $\frac{1}{4}-\frac{1}{6}=$____________________.

3. 利用法则，判断对错，并说明理由

(1) $\frac{1}{3}+\frac{3}{4}=\frac{4}{7}$.

（2）$\frac{5}{6}+\frac{3}{7}=\frac{15}{42}$.

（3）$\frac{1}{5}+\frac{2}{4}=\frac{14}{20}$.

（4）$\frac{1}{13}+\frac{3}{26}=\frac{26}{338}+\frac{39}{338}=\frac{65}{338}$.

（5）$\frac{6}{8}-\frac{3}{4}=\frac{6}{8}+\frac{6}{8}=\frac{12}{8}=\frac{6}{4}=\frac{3}{2}$.

第四关　法则应用

在电工学中，已知并联电路等效电阻公式为$\frac{1}{R}=\frac{1}{R_1}+\frac{1}{R_2}+\cdots+\frac{1}{R_n}$，串联电路等效电阻公式为 $R=R_1+R_2+\cdots+R_n$. 如图 1-1 所示，$R_1=3\ \Omega$，$R_2=2\ \Omega$，$R_3=\frac{2}{3}\ \Omega$，$R_4=\frac{2}{5}\ \Omega$，求 AB 间的等效电阻 R_{AB}的值 .

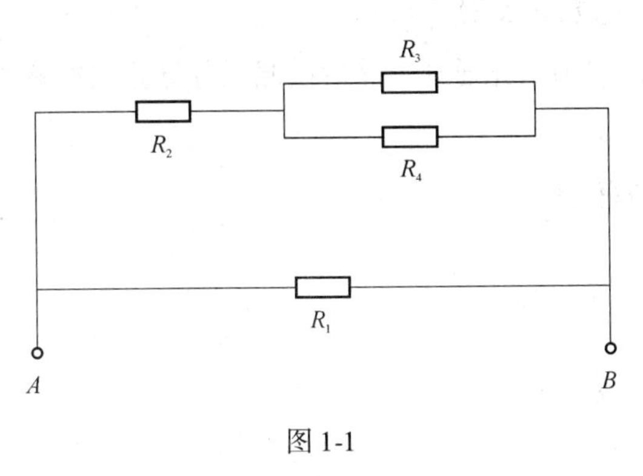

图 1-1

1.1.3　要点总结

1. 分数的定义

把单位“1”平均分成若干份，表示其中一份或几份的数就叫作分数 .

2. 最大公约数

最大公约数是指两个或多个整数共有约数中最大的一个（也称最大公因数、最大公因子）.

3. 最小公倍数

最小公倍数是指两个或多个整数的公倍数里最小的那一个 .

4. 最简分数

最简分数是指分子、分母只有公因数 1 的分数，或者说分子和分母互质的分数（又称既约分数）.

5. 同分母分数加减法法则

同分母分数加减法法则：分母不变，只把分子进行相加减，最后结果能约分的要约成最简分数.

6. 异分母分数加减法法则

异分母分数加减法法则：先通分，然后按照同分母分数加减法法则进行计算.

1.1.4 作业巩固

1. 必做题

利用分数的法则计算：

（1）$\frac{7}{8}-\frac{5}{8}=$

（2）$\frac{2}{9}+\frac{1}{9}=$

（3）$\frac{6}{7}-\frac{2}{7}=$

（4）$\frac{3}{10}+\frac{1}{4}=$

（5）$\frac{3}{7}+\frac{1}{9}=$

（6）$\frac{1}{6}+\frac{1}{4}=$

（7）$\frac{1}{3}-\frac{1}{5}=$

（8）$\frac{5}{7}-\frac{1}{5}=$

2. 选做题

（1）在◯里填上适当的运算符号.

$\frac{5}{8}\bigcirc\frac{1}{8}=\frac{3}{4}$　　$\frac{16}{24}\bigcirc\frac{10}{24}=\frac{1}{4}$　　$\frac{5}{10}\bigcirc\frac{2}{10}\bigcirc\frac{1}{10}=\frac{4}{5}$

$\frac{5}{9}\bigcirc\frac{1}{2}=\frac{1}{18}$　　$\frac{2}{3}\bigcirc\frac{1}{4}=\frac{11}{12}$　　$\frac{5}{6}\bigcirc\frac{1}{3}=\frac{1}{2}$

（2）有一个分数，化简时用 2 约了 2 次，用 3 约了 1 次，最后计算得$\frac{3}{8}$.

请问：原来的分数是多少（写出解题过程）？

任务1.2　分数的乘除法

1.2.1　教学目标

1. 知识目标

（1）理解分数乘除法的意义；

（2）掌握分数乘除及分数乘除混合计算的方法．

2. 能力目标

（1）通过认识分数乘除法意义的过程，培养计算能力；

（2）通过分数乘法的学习，得出除法与乘法之间的关系，培养知识迁移的能力．

3. 素质目标

（1）培养熟练的计算能力；

（2）培养用数学知识解决实际问题的能力．

4. 应知目标

（1）计算：$\frac{2}{8}\times\frac{4}{7}=$

（2）计算：$\frac{3}{8}\times\frac{5}{6}=$

（3）计算：$15 \div \frac{9}{7} =$

（4）计算：$\frac{3}{4} \div \frac{1}{8} =$

1.2.2 核心知识

第一关 分数的乘法

1. 知识要点

分数乘法的意义：____.

分数乘法的法则：____.

2. 利用法则求解

（1）$\frac{2}{5} \times \frac{3}{4} =$ ______________.

（2）$\frac{6}{7} \times \frac{7}{8} =$ ______________.

（3）$\frac{5}{9} \times \frac{8}{15} =$ ______________.

（4）$\frac{9}{11} \times \frac{7}{15} =$ ______________.

（5）$\frac{12}{25} \times \frac{15}{16} =$ ______________.

（6）$\frac{4}{5} \times \frac{9}{10} =$ ______________.

3. 法则熟练度竞赛

(1) $\frac{2}{3}\times\frac{5}{16}=$　　(2) $\frac{7}{8}\times\frac{5}{21}=$　　(3) $\frac{4}{9}\times\frac{17}{26}=$

(4) $\frac{14}{15}\times\frac{25}{21}=$　　(5) $\frac{20}{27}\times\frac{3}{6}=$　　(6) $\frac{7}{9}\times\frac{18}{35}=$

(7) $\frac{6}{11}\times\frac{22}{15}=$　　(8) $\frac{17}{27}\times\frac{45}{68}=$　　(9) $\frac{19}{33}\times\frac{11}{38}=$

(10) $\frac{8}{19}\times\frac{17}{20}=$　　(11) $\frac{13}{21}\times\frac{7}{26}=$　　(12) $\frac{8}{9}\times\frac{27}{40}=$

(13) $\frac{13}{19}\times\frac{38}{39}=$　　(14) $\frac{9}{10}\times\frac{50}{63}=$　　(15) $\frac{12}{34}\times\frac{17}{36}=$

第二关　分数的除法

1. 知识要点

倒数：____.

除法与乘法的关系：________________________________.

分数四则运算的顺序：______________________________.

2. 利用法则求解

(1) $\frac{8}{9}\div 4=$ ______________.

(2) $\frac{6}{13}\div 4=$ ______________.

(3) $15\div\frac{3}{10}=$ ______________.

(4) $\frac{3}{10}\div\frac{4}{15}\times\frac{2}{3}=$ ______________.

(5) $12\div\left(\frac{1}{2}\times 3\right)=$ ______________.

3. 法则熟练度竞赛

(1) $\frac{15}{22}\div 10=$　　(2) $45\div\frac{9}{14}=$

（3）$\frac{3}{5}\div\frac{1}{6}=$

（4）$\frac{2}{7}\div\frac{8}{21}=$

（5）$\frac{3}{5}\times\frac{1}{6}\div\frac{7}{5}=$

（6）$\frac{8}{9}\div\frac{4}{7}\div\frac{1}{3}=$

（7）$\frac{5}{14}\div\frac{4}{21}\times\frac{16}{25}=$

（8）$2-\frac{6}{13}\div\frac{9}{26}-\frac{2}{3}=$

（9）$\left(\frac{3}{4}-\frac{3}{16}\right)\times\left(\frac{2}{9}+\frac{1}{3}\right)=$

（10）$\frac{2}{3}\div\frac{7}{8}\times\frac{7}{12}=$

第三关　法则应用

应用1. 一杯250 mL的鲜奶大约含有$\frac{3}{10}$ g的钙，占一个成年人一天所需钙的$\frac{3}{8}$，一个成年人一天大约需要多少钙？

应用2. 已知热量$Q=\frac{U^2t}{R}$，某电烤箱的电阻$R=5\ \Omega$，工作电压$U=220$ V，通电15 min能放出多少能量？

应用3. 已知 $R_1=2\ \Omega$，$R_2=3\ \Omega$，现把 R_1 和 R_2 两个电阻并联后接入一直流电源中，$I_1R_1=I_2R_2$，测得通过 R_1 的电流 I_1 为$\frac{3}{4}$ A，通过 R_2 的电流 I_2 是多少？

1.2.3 要点总结

1. 分数乘法法则

(1) 分数乘整数时，用分数的分子和整数相乘的积作分子，分母不变（能约分要在计算中先约分）.

(2) 分数乘分数，用分子相乘的积作分子，分母相乘的积作分母，能约分的要约成最简分数（在计算中约分）.

2. 倒数

倒数是指与某数（x）相乘的积为1的数，记为$\frac{1}{x}$.

除了0以外的数都存在倒数，只有0没有倒数.

3. 分数除法法则

分数除法是分数乘法的逆运算.

分数除法法则：甲数除以乙数（0除外），等于甲数乘乙数的倒数.

4. 分数四则运算的顺序

分数四则运算的顺序：先乘除后加减，同级运算从左往右按顺序计算，有括号时，先算小括号里面的，再算中括号里面的，然后算括号外边的.

1.2.4 作业巩固

1. 必做题

利用分数的运算法则计算:

(1) $\frac{9}{7}\times\frac{4}{5}=$

(2) $\frac{999}{1\ 000}\times 0=$

(3) $\frac{2}{3}\times\frac{6}{24}=$

(4) $\frac{9}{2}\div\frac{7}{8}\times\frac{7}{12}=$

2. 选做题

利用分数的运算法则计算：

（1）$\frac{8}{13}\div 7+\frac{1}{8}\times\frac{4}{13}=$

（2）$\frac{2}{9}+\frac{3}{8}\times\frac{5}{9}+\frac{1}{8}=$

（3）$\left(\frac{5}{12}+\frac{5}{9}\right)\div\frac{11}{8}=$

任务 1.3　科学记数法与近似数

1.3.1　教学目标

1. 知识目标

（1）能用科学记数法表示大数，了解近似数与有效数字的概念；

（2）会按要求求出近似数和有效数字.

2. 能力目标

（1）通过自我探究、生生合作、师生合作，充分感受参与数学学习的过程，理解近似数、有效数字的意义；

（2）会用科学记数法表示很大或很小的数.

3. 素质目标

（1）培养自主学习的能力；

（2）培养熟练的计算能力.

4. 应知目标

（1）将下列大数用科学记数法表示：①地球表面积约为 510 000 000 000 000 平方米，②地球上陆地的面积大约为 149 000 000 000 000 平方米.

（2）求 0. 003 59 的近似数（精确到 0. 000 1）.

1. 3. 2　核心知识

第一关　科学记数法

1. 知识要点

（1）有理数乘方.

$10^3 =$ ________

$10^6 =$ ________

$10^8 =$ ________

…………

$10^n =$ ________（有______个“0”）

$10^{-n} =$ ________

（2）科学记数法：________________________.

2. 科学记数法基础应用

把下列各数用科学记数法表示：

25 000 000 = ________________

753 000 = ________________

0. 000 004 = ________________

－0. 000 125 = ________________

3. 科学记数法的应用

（1）用科学记数法表示下列各数：

847 000 = ________________

205 000 = ________________

0. 005 6 = ________________

－0. 001 = ________________

（2）下列用科学记数法表示的数，原来各是什么数？

① 1.5×10^4　　② -2.9×10^3

③ 3.2×10^3　　④ 2.58×10^4

第二关　近似计算

1. 知识要点

（1）近似数：________________.

（2）精确度：________________.

（3）取近似值的方法。

① 四舍五入法：________________;

② 有效数字法：________________.

2. 近似值的基础应用

（1）用四舍五入法取下列各数的近似数：

0.003 59（精确到0.000 1）≈________;

0.057 96（保留三个有效数字）≈________;

67 595 387（保留三个有效数字）≈________.

（2）0.020 53 的有效数字的个数是________个.

（3）如果保留两个有效数字，1.804≈________.

3. 近似计算的应用

（1）用四舍五入法对下列各数取近似值.

61.235（精确到个位）≈________;

0.051 74（精确到0.1）≈________.

（2）求下列各数的近似值.

2.308（保留两个有效数字）≈________；

0.0238（保留两个有效数字）≈________.

第三关　用计算器计算

1. 知识要点

用计算器计算时按顺序输入即可，关键是______、______、______键的应用.

2. 计算器的基础应用

用计算器计算（精确到0.1）：

（1）$2\times3.13\times4.23-8.2\times1.6\approx$________；

（2）$\dfrac{1.6^3-3.2\times(5.43-4.23)}{-2\times(6.4+2.52)+3.1\times(-2.6)}$（结果保留四个有效数字）

≈________________.

3. 计算器的操作应用

用计算器计算下列各式：

（1）$-3.14+5.76-7.19\approx$________；

（2）$2.5\times76\div(-0.19)\approx$________；

（3）$-125-0.42\div(-7)\approx$________；

（4）$-389\div15.2-8\times3$（结果保留三个有效数字）≈________；

（5）$\dfrac{5^3-(8\times3.8+4^2)}{\frac{2}{5}-36\times1.7^3+(5.6-4\times5)}$（结果精确到0.1）≈________.

1.3.3　要点总结

1. 科学记数法

科学记数法指将一个数字表示成 $a\times10^n$（其中 $1\leqslant|a|<10$，n 是整数）的形式.

2. 近似数

一个数与准确数相近，这个数称之为近似数.

3. 精确度

近似值与准确值的接近程度可以用精确度来表示.

4. 取近似值的方法

（1）四舍五入法.

四舍五入法：将保留的末尾数字后面的数字去掉，舍去部分左起第一位数字，如果小于 5，则舍去；如果大于 5，则进 1.

（2）有效数字法.

有效数字法：一个数字中从左边第一个非 0 数字起，到右边保留的末尾数字止的所有数字.

5. 用计算器计算

在计算器上，ON/OFF 为 开/关机 键，C 为 清除 键.

1.3.4 作业巩固

1. 必做题

（1）用科学记数法表示下列各数：

① 5 000 = ________；

② 2 000 400 = ________；

③ 123 489 = ________；

④ 369 369 000 = ________.

（2）用四舍五入法按括号内的要求对下列各数取近似值，并分别写出有几个有效数字.

① 0.851 49（精确到千分位），有______个有效数字；

② 47.6（精确到个位），有______个有效数字；

③ 1.597 2（精确到 0.01），有______个有效数字.

（3）写出下列各数的有效数字.

① 0.02067（保留三个有效数字），有________个有效数字；

② 64340（保留一个有效数字），有________个有效数字；

③ 60304（保留二个有效数字），有________个有效数字.

2. 选做题

德国科学家贝塞尔推算出天鹅座第 61 颗暗星距地球 102 000 000 000 000 千米，是太阳距地球距离的 690 000 倍.

（1）用科学记数法表示出天鹅座第 61 颗暗星到地球的距离：________.

（2）用科学记数法表示出 690 000 这个数：________.

（3）如果光线每秒钟大约可行 300 000 千米，那么你能计算出从暗星发出的光线到地球需要多少秒吗？

请用科学记数法表示出来：________.

任务1.4　乘方运算

1.4.1　教学目标

1. 知识目标

（1）掌握乘方的概念；

（2）掌握乘方的计算．

2. 能力目标

（1）学会运用运算法则进行乘方的计算；

（2）能够在其他学科中运用乘方的计算．

3. 素质目标

（1）培养自主学习能力；

（2）培养团队协作精神．

4. 应知目标

（1）$(-2)^3=$________________．

（2）$(\sqrt{3})^0=$________________．

1.4.2　核心知识

第一关　乘方的定义

1. 引出乘方

算式一：计算 $2\times3\times5\times8=$（　　　）

算式二：计算 $2\times2\times2\times2=$（　　　）

在乘法运算中，当每一个乘数都相同的时候，我们可以把算式二简写成：______，即乘方.

实际上，乘方就是特殊的________.

当乘法运算满足每个乘数都________的时候，就可以写成乘方的形式.

2. 举例

$a \cdot a =$ ________，读作 a 的平方（或 a 的二次方）；

$a \cdot a \cdot a =$ ________，读作 a 的立方（或 a 的三次方）；

$a \cdot a \cdot a \cdot a =$ ________，读作 a 的四次方；

依此类推，有 n 个相同的因数 a 相乘，即：

$\overbrace{a \cdot a \cdot a \cdot a \cdot \cdots \cdot a}^{n\text{个}} =$ ________，

读作 a 的 n 次方（$n \geqslant 2$，$n \in \mathbf{Z}$）.

3. 定义乘方

（1）正整数指数幂.

求 n 个相同因数的乘积的运算叫作正整数的乘方，运算的结果叫作幂（见图 1-2）.

$\underbrace{a \cdot a \cdot a \cdot a \cdot \cdots \cdot a}_{n\text{个}} = a^n$（$a \in \mathbf{R}$，$n \in \mathbf{Z}^+$）

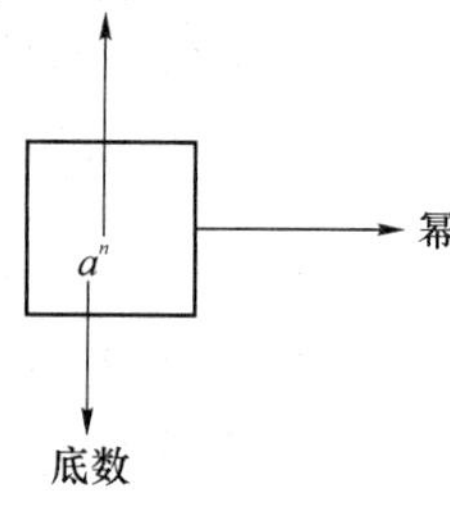

图 1-2

其中：a 叫底数，n 叫指数，a^n 叫 a 的 n 次方.

a^n 读作：a 的 n 次方，或 a 的 n 次幂.

注意：一个数可以表示成这个数本身的一次方.

例如：$5 = 5^1$（指数 1 通常省略不写）.

（2）零指数幂.

$a^0 = 1$（$a \neq 0$）

（3）负整数指数幂.

$a^{-n} = \dfrac{1}{a^n}$（$a \neq 0$，$n \in \mathbf{Z}^+$）

4. 乘方计算

（1）根据所学知识，填写表 1-1.

表 1-1

	底数	指数	读法
5^3			
$\left(-\dfrac{2}{3}\right)^4$			
$\left(\dfrac{5}{6}\right)^0$			

（2）小结.

根据所学的运算形式，将运算结果名称填入表1-2中.

表1-2

我们学过的运算形式	加法	减法	乘法	除法	乘方
运算结果名称					

第二关　乘方的运算

1. 混合运算的运算顺序

（1）先乘方，再乘除，最后加减；

（2）同级运算，从左到右进行；

（3）如有括号，先做括号内的运算，按小括号、中括号、大括号的顺序依次进行，再按照上面两条进行运算.

2. 整数指数幂的运算法则（$a, b\neq0$；m, n 是整数）

（1）同底幂相乘：$a^m \cdot a^n = a^{m+n}$

（2）同底幂相除：$a^m \div a^n = a^{m-n}$

（3）幂的幂：$(a^m)^n = a^{m\cdot n}$

（4）乘积的幂：$(a\cdot b)^n = a^n \cdot b^n$

（5）商的幂：$\left(\frac{a}{b}\right)^n = \frac{a^n}{b^n}$

3. 运算实践

（1）$3^2 =$________，$3^3 =$________，$3^4 =$________，$3^5 =$________.

（2）$(-2)^2 =$_______，$(-2)^3 =$_______，$(-2)^4 =$_______，$(-2)^5 =$_______.

（3）总结规律.

底数是正数时幂值的正负规律：

____.

底数是负数时幂值的正负规律：

____.

4. 熟练运用法则

（1）$(\sqrt{3})^0 =$______________________________.

（2）$\left(\frac{1}{2}\right)^{-3} =$______________________________.

（3）$(2^3)^2 =$______________________________.

（4）$0.01^{-2} =$______________________________.

（5）$28-3^3\div(-3)\times(-2) =$________________________.

(6) $3\times(-4)-(-2)^5\div(-8)+2=$________.

(7) $(-2)^3\times(-3)-[(-25)\times(-6)\div(-5)]=$________.

(8) $\pi^0-(-1)^{100}=$________.

(9) $x^2\cdot x^3=$________.

(10) $(a^2\cdot b^3)^3=$________.

第三关　乘方的应用

1. 乘方在电工学中的应用

(1) 电流的国际单位是 A（安培），kA（千安）、mA（毫安）、μA（微安）与 A（安培）的换算关系为：

$1\ \text{kA}=10^3\ \text{A}$，$1\ \text{mA}=10^{-3}\ \text{A}$，$1\ \mu\text{A}=10^{-3}\ \text{mA}=10^{-6}\ \text{A}$.

(2) 电阻的单位除了 Ω（欧姆）外，还有 kΩ（千欧）和 MΩ（兆欧），它们和 Ω 的换算关系为：$1\ \text{k}\Omega=10^3\ \Omega$，$1\ \Omega=10^{-3}\ \text{k}\Omega=10^{-6}\ \text{M}\Omega$.

2. 乘方在机械基础中的应用

已知：$1\ \text{MPa}=10^6\ \text{Pa}$

某液压千斤顶的压油过程中，柱塞泵油腔内的油液压力为：

$P=5.115\times10^7\ \text{Pa}=51.15\ \text{MPa}$

1.4.3　要点总结

1. 乘方的定义

正整数指数幂：$\underbrace{a\cdot a\cdot a\cdot a\cdot\cdots\cdot a}_{n个}=a^n$ $(a\in\mathbf{R},\ n\in\mathbf{Z}^+)$

零指数幂：$a^0=1\ (a\neq0)$

负整数指数幂：$a^{-n}=\dfrac{1}{a^n}\ (a\neq0,\ n\in\mathbf{Z}^+)$

2. 整数指数幂的运算法则 $(a,\ b\neq0;\ m,\ n\in\mathbf{Z})$

同底幂相乘：$a^m\cdot a^n=a^{m+n}$

同底幂相除：$a^m\div a^n=a^{m-n}$

幂的幂：$(a^m)^n=a^{m\cdot n}$

乘积的幂：$(a\cdot b)^n=a^n\cdot b^n$

商的幂：$\left(\dfrac{a}{b}\right)^n=\dfrac{a^n}{b^n}$

1.4.4　作业巩固

1. 必做题

（1）$(-5)^0$ 有意义吗？为什么？

（2）计算以下各式：

① $(\pi-\sqrt{5})^0=$ ________；

② $0.1^{-2}=$ ________；

③ $\left(-\frac{2}{3}\right)^{-3}=$ ________；

④ $5^4=$ ________.

2. 选做题

（1）计算以下各式：

① $1\frac{1}{2}\times\left[3\times\left(-\frac{5}{3}\right)^2-1\right]$

② $-2-(-2)^2+3^3\div 3\times\frac{1}{3}$

(2) 将下列数据写成科学记数法的形式:

① 20 kA = ________________A;

② 36.28 MPa = ________________Pa.

任务1.5　二次根式

1.5.1　教学目标

1. 知识目标

(1) 掌握二次方根的概念；

(2) 掌握二次方根的计算.

2. 能力目标

(1) 学会运用运算法则进行二次方根的计算；

(2) 能够在其他学科中进行二次方根的计算.

3. 素质目标

(1) 培养主动学习的能力；

(2) 培养动手实践的能力.

4. 应知目标

(1) 求16的算术平方根.

（2）求 0 的平方根．

1.5.2　核心知识

第一关　平方与开平方的关系

1．引出平方与开平方的关系

根据表 1-3 中的示例，完成该表的填写．

表 1-3

平方运算（括号里的数为任意实数）	开平方运算
$(3)^2=9$	$\pm\sqrt[2]{9}=\pm 3$
$(\qquad)^2=0.25$	
$(\qquad)^2=\frac{16}{25}$	
$(\qquad)^2=361$	
$(\qquad)^2=0$	

2．讨论总结

在上面的平方运算中，我们发现：

（1）左列是已知底数和指数，求幂的运算，这种运算叫平方运算；

（2）右列是已知指数和幂，求底数的运算，这种运算叫开平方运算．

比较左右两列得出结论：开平方运算和平方运算之间的关系是互为________．

第二关　熟记常用平方数

计算表 1-4 中各数的平方数，熟记这些常用平方数，方便以后进行开平方运算．

表 1-4

x	x^2	x	x^2
1		11	
2		12	
3		13	
4		14	
5		15	
6		16	
7		17	
8		18	
9		19	
10		20	

第三关　算术平方根的概念

1. 算术平方根的定义

如果一个正数 x 的平方等于 a，即 $x^2=a$，那么这个正数 x 叫作 a 的算术平方根，记作：$\sqrt{a}$.

形如$\sqrt{a}$（$a \geqslant 0$）的式子叫二次根式，“$\sqrt{\ }$”叫作二次根号.

规定：0 的算术平方根是 0，即：$\sqrt{0}=0$.

2. 计算实践

完成表 1-5 的填写.

表 1-5

平方运算（括号里的数≥0）	算术平方根运算
$(\qquad)^2=256$	$\sqrt{256}=$
$(\qquad)^2=1.69$	$\sqrt{1.69}=$
$(\qquad)^2=\frac{16}{49}$	$\sqrt{\frac{16}{49}}=$
$(\qquad)^2=2\frac{7}{9}$	$\sqrt{2\frac{7}{9}}=$
$(\qquad)^2=0$	$\sqrt{0}=$

3. 性质

（1）算术平方根的被开方数具有非负性，即

在 $x^2=a$ 中，因为 $x\leqslant0$ 时 $a\geqslant0$，所以被开方数 $a\geqslant0$；

（2）算术平方根的结果具有非负性，即

在$\sqrt{a}=x$ 中，因为 $x\geqslant0$，所以算术平方根的结果$\sqrt{a}\geqslant0$.

第四关　平方根的概念

1. 平方根的定义

如果一个数 x 的平方等于 a，即 $x^2=a$，那么这个数 x 叫作 a 的平方根或二次方根，记作：$\pm\sqrt{a}$. $\pm\sqrt{a}$读作："正、负根号下 a".

规定：0 的平方根是0，即：$\pm\sqrt{0}=0$.

2. 计算实践

完成表 1-6 的填写.

表 1-6

平方运算（括号里的数为任意实数）	平方根运算
$(\quad)^2=121$	$\pm\sqrt{121}=$
$(\quad)^2=0.49$	$\pm\sqrt{0.49}=$
$(\quad)^2=\frac{25}{81}$	$\pm\sqrt{\frac{25}{81}}=$
$(\quad)^2=0$	$\pm\sqrt{0}=$
$(\quad)^2=9$	$\sqrt{9}=$

3. 讨论总结

（1）平方根的特点：____________________.

（2）0 的平方根是：____________________.

（3）负数的平方根是____________________.

（4）算术平方根与平方根的区别是____________________.

（5）要使二次根式在实数范围内有意义，必须满足被开方数__________.

（6）平方运算与开方运算互为逆运算，因此

对 3 先平方，再开方$\sqrt{3^2}$得到：__________；

对 3 先开方，再平方（$\sqrt{3}$）^{2} 得到：__________.

第五关　二次根式的应用

在电工学中，正弦交流电的有效值和最大值之间有如下关系：

有效值 $=\frac{1}{\sqrt{2}}\times$最大值$\approx0.707\times$最大值

讨论：0.707 是怎么得来的？

第六关　尝试用手机中的计算器功能进行开平方计算

（1）$\sqrt{106}$（保留四个有效数字）≈________.

（2）$\frac{1}{\sqrt{2}}$（精确到0.001）≈________.

（3）$\sqrt{56.8}$（保留四个有效数字）≈________.

（4）$\sqrt[10]{6}$（精确到0.001）≈________.（选做）

（5）$\sqrt[7]{-56.438}$（精确到0.001）≈________.（选做）

1.5.3　要点总结

1. 算术平方根

如果一个正数 x 的平方等于 a，即 $x^2=a$，那么这个正数 x 叫作 a 的算术平方根，记作：$\sqrt{a}$.

规定：0 的算术平方根是0，即：$\sqrt{0}=0$.

2. 平方根

如果一个数 x 的平方等于 a，即 $x^2=a$，那么这个数 x 叫作 a 的平方根或二次方根.

规定：0 的平方根是0，即：$\pm\sqrt{0}=0$.

3. 熟记常用平方数

熟记表 1-7 所示的常用平方数 .

表 1-7

x	11	12	13	14	15	16	17	18	19	20
x^2	121	144	169	196	225	256	289	324	361	400

1.5.4 作业巩固

1. 必做题

(1) 计算 .

① $\frac{25}{16}$的平方根为________;

② 0 的平方根为________;

③ $\sqrt{\frac{49}{64}}=$________;

④ $\pm\sqrt{\frac{16}{81}}=$________.

(2) 判断对错 .

① 5 是 25 的算术平方根 .　(　　)

② -6 是 $(-6)^2$ 的算术平方根 .　(　　)

③ 0 的算术平方根和平方根都是 0.　(　　)

(3) 一个正方形的面积是 10 cm^2，求以这个正方形的边长为直径的圆的面积 .(要求：先作图，再求解)

2. 选做题

已知：电流 $I=\sqrt{\frac{P}{R}}$，一个额定值为 $R=100\ \Omega$，$P=\frac{1}{4}$ W 的碳膜电阻.

（1）该电阻允许流过的最大电流是多少？

（2）已知 $U=\sqrt{PR}$，此电阻能否接到 10 V 的电压上使用？

任务 1.6　根式计算

1.6.1　教学目标

1. 知识目标

（1）掌握二次根式的基本性质；

（2）掌握二次根式的乘除运算；

（3）掌握二次根式的化简和分母有理化．

2. 能力目标

（1）学会运用运算法则进行二次方根的乘除计算；

（2）能够在其他学科中进行二次方根的计算．

3. 素质目标

（1）培养自主学习的能力；

（2）培养勇于探索的精神．

4. 应知目标

（1）计算 $\sqrt{36}\times\sqrt{4}$

（2）计算$\frac{1}{\sqrt{2}}$

1.6.2　核心知识

第一关　闯关热身

请同学们迅速、准确地完成表1-8的填写.

表1-8

x	x^2	x	x^2
11		16	
12		17	
13		18	
14		19	
15		20	

第二关　二次根式的基本性质

1. 自学公式

（1）$(\sqrt{a})^2=a$（$a\geqslant 0$）；

（2）$\sqrt{a^2}=|a|$.

2. 自学检测

（1）计算：

① $(\sqrt{3})^2=$________；　　② $\sqrt{5^2}=$________；

③ $\sqrt{16}=$________；　　④ $\sqrt{(-10)^2}=$________.

(2) 下列运算正确的是（　　）.

A. $(\sqrt{2})^2=2$　　B. $(-\sqrt{2})^2=-2$

C. $\sqrt{(-2)^2}=-2$　　D. $-\sqrt{(-2)^2}=2$

(3) 若 $\sqrt{(a-2)^2}=2-a$，则 a 的取值范围是________.

(4) 计算：

① $(3\sqrt{2})^2=$________;

② $(-5\sqrt{3})^2=$________;

③ $\sqrt{\left(-\frac{3}{5}\right)^2}=$________;

④ $-\sqrt{\left(-\frac{2}{3}\right)^2}=$________;

⑤ $\sqrt{(\pi-4)^2}=$________;

⑥ $\sqrt{(2-\sqrt{3})^2}=$________;

⑦ $\sqrt{49}-\sqrt{(-5)^2}-(2\sqrt{2})^2=$________.

第三关　二次根式的乘除运算

1. 公式的使用

(1) 双向使用公式 $\sqrt{a}\cdot\sqrt{b}=\sqrt{ab}$ $(a\geqslant0,\ b\geqslant0)$ 进行二次根式的乘法运算.

① 正向使用公式：

$\sqrt{3}\cdot\sqrt{5}=\sqrt{15}$.

② 正向使用公式：

$\sqrt{\frac{1}{3}}\cdot\sqrt{27}=\sqrt{\frac{1}{3}\times27}=\sqrt{9}=3$.

③ 反向使用公式：

$\sqrt{16\times81}=\sqrt{16}\cdot\sqrt{81}=4\times9=36$.

④ 反向使用公式：

$\sqrt{4a^2b^3}=\sqrt{4}\cdot\sqrt{a^2}\cdot\sqrt{b^3}=2\cdot a\cdot\sqrt{b^2\cdot b}=2a\sqrt{b^2}\cdot\sqrt{b}=2ab\sqrt{b}$ $(a,\ b\geqslant0)$.

(2) 双向使用公式 $\frac{\sqrt{a}}{\sqrt{b}}=\sqrt{\frac{a}{b}}$ $(a\geqslant0,\ b>0)$ 进行二次根式的除法运算.

① 正向使用公式：

$\frac{\sqrt{24}}{\sqrt{3}}=\sqrt{24\div3}=\sqrt{8}=\sqrt{4\times2}=2\sqrt{2}$.

② 正向使用公式：

$$\sqrt{\frac{3}{2}} \div \sqrt{\frac{1}{18}} = \sqrt{\frac{3}{2} \div \frac{1}{18}} = \sqrt{\frac{3}{2} \times 18} = \sqrt{3 \times 9} = 3\sqrt{3}.$$

③ 反向使用公式：

$$\sqrt{\frac{3}{100}} = \frac{\sqrt{3}}{\sqrt{100}} = \frac{\sqrt{3}}{10}.$$

④ 反向使用公式：

$$\sqrt{\frac{25y}{9x^2}} = \frac{\sqrt{25y}}{\sqrt{9x^2}} = \frac{5\sqrt{y}}{3x}.$$

2. 计算实践

（1）$\sqrt{48} =$ ________；

（2）$\sqrt{36} \times \sqrt{4} =$ ________；

（3）$\sqrt{56} \times \sqrt{14} =$ ________；

（4）$3\sqrt{5} \times 2\sqrt{10} =$ ________；

（5）$3\sqrt{2} \times 4\sqrt{8} =$ ________；

（6）$\sqrt{3x} \times \sqrt{\frac{1}{3}xy} =$ ________；

（7）$\sqrt{27x^2y^3} =$ ________.

第四关　二次根式的分母有理化

1. 自学二次根式的分母有理化的概念和方法

（1）最简二次根式的概念.

① 被开方数不含分母——被开方数的因数是整数，因式是整式；

② 被开方数中不能含有开得尽方的因数或因式——被开方数不能分解出完全平方数或式，即被开方数中不能含有可化为平方数的因数或因式.

比如：

$\sqrt{2}$、$\sqrt{3}$、$\sqrt{a}$、$\sqrt{x+y}$不含有可化为平方数的因数或因式；

$\sqrt{4}$、$\sqrt{9}$、$\sqrt{a^2}$、$\sqrt{(x+y)^2}$、$\sqrt{x^2+2xy+y^2}$含有可化为平方数的因数或因式.

（2）二次根式的分母有理化.

分母有理化是指把分母中含有的根号化去的运算.

注意：二次根式的计算结果必须进行分母有理化，也就是说在计算结果中，分母里不能含有根号！

（3）二次根式的分母有理化的两种方法.

①利用分式的性质：$\frac{\sqrt{a}}{\sqrt{b}} = \frac{\sqrt{a} \cdot \sqrt{b}}{\sqrt{b} \cdot \sqrt{b}} = \frac{\sqrt{ab}}{b}$，

②利用平方差公式：$\frac{1}{\sqrt{a}+\sqrt{b}}=\frac{\sqrt{a}-\sqrt{b}}{(\sqrt{a}+\sqrt{b})\cdot(\sqrt{a}-\sqrt{b})}=\frac{\sqrt{a}-\sqrt{b}}{a-b}$.

$$\frac{1}{\sqrt{a}-\sqrt{b}}=\frac{\sqrt{a}+\sqrt{b}}{(\sqrt{a}-\sqrt{b})\cdot(\sqrt{a}+\sqrt{b})}=\frac{\sqrt{a}+\sqrt{b}}{a-b}$$

例 1-1　将下列分数分母有理化.

（1）$\frac{\sqrt{3}}{\sqrt{5}}=\frac{\sqrt{3}\times\sqrt{5}}{\sqrt{5}\times\sqrt{5}}=\frac{\sqrt{15}}{5}$.

（2）$\frac{3\sqrt{2}}{\sqrt{27}}=\frac{3\sqrt{2}}{\sqrt{9\times3}}=\frac{3\sqrt{2}}{3\sqrt{3}}=\frac{\sqrt{2}\times\sqrt{3}}{\sqrt{3}\times\sqrt{3}}=\frac{\sqrt{6}}{3}$.

（3）$\frac{\sqrt{8}}{\sqrt{2a}}=\frac{\sqrt{8}\times\sqrt{2a}}{\sqrt{2a}\times\sqrt{2a}}=\frac{\sqrt{16a}}{2a}=\frac{4\sqrt{a}}{2a}=\frac{2\sqrt{a}}{a}$.

（4）$\frac{\sqrt{2}}{\sqrt{2}+\sqrt{3}}=\frac{\sqrt{2}\cdot(\sqrt{3}-\sqrt{2})}{(\sqrt{3}+\sqrt{2})\cdot(\sqrt{3}-\sqrt{2})}=\frac{\sqrt{2}\cdot\sqrt{3}-\sqrt{2}\cdot\sqrt{2}}{(\sqrt{3})^2-(\sqrt{2})^2}=\sqrt{6}-2$.

2. 自学检测

（1）$\frac{2}{\sqrt{2}}=$________.

（2）$\sqrt{\frac{4}{3}}=$________.

3. 二次根式分母有理化在电工学中的应用

例 1-2　如图 1-3 所示，电流、电压正弦量的有效值如下.

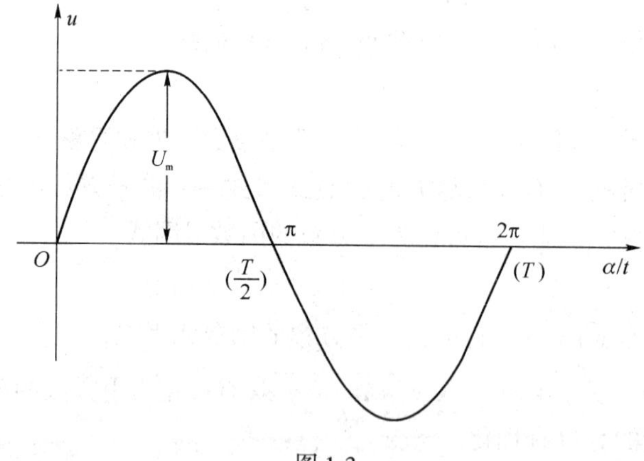

图 1-3

$I=\frac{I_m}{\sqrt{2}}=\frac{\sqrt{2}}{2}\cdot I_m\approx0.707I_m$.

$U=\frac{U_m}{\sqrt{2}}=\frac{\sqrt{2}}{2}\cdot U_m\approx0.707U_m$.

$U_m=220\sqrt{2}\approx311$ V.

详解及说明：

（1）化简：$\frac{1}{\sqrt{2}}=\frac{\sqrt{2}}{\sqrt{2}\cdot\sqrt{2}}=\frac{\sqrt{2}}{2}$.

（2）记住：$\sqrt{2}\approx1.414$.

（3）计算并记住：$\frac{1}{\sqrt{2}}\approx0.707$；$220\sqrt{2}\approx311$.

1.6.3　要点总结

1. 二次根式的基本性质

（1）$(\sqrt{a})^2=a$（$a\geqslant0$）.

（2）$\sqrt{a^2}=|a|$.

2. 二次根式的乘除运算

$\sqrt{a}\cdot\sqrt{b}=\sqrt{ab}$（$a\geqslant0$，$b\geqslant0$），

$\frac{\sqrt{a}}{\sqrt{b}}=\sqrt{\frac{a}{b}}$（$a\geqslant0$，$b>0$）.

3. 最简二次根式

（1）被开方数不含分母；

（2）被开方数中不能含有开得尽方的因数或因式.

4. 二次根式的分母有理化

二次根式的分母有理化是指把分母中含有的根号化去的运算.

5. 二次根式分母有理化的方法

（1）利用分式的性质：$\frac{\sqrt{a}}{\sqrt{b}}=\frac{\sqrt{a}\cdot\sqrt{b}}{\sqrt{b}\cdot\sqrt{b}}=\frac{\sqrt{ab}}{b}$.

（2）利用平方差公式：$\frac{1}{\sqrt{a}+\sqrt{b}}=\frac{\sqrt{a}-\sqrt{b}}{(\sqrt{a}+\sqrt{b})\cdot(\sqrt{a}-\sqrt{b})}=\frac{\sqrt{a}-\sqrt{b}}{a-b}$.

$$\frac{1}{\sqrt{a}-\sqrt{b}}=\frac{\sqrt{a}+\sqrt{b}}{(\sqrt{a}-\sqrt{b})\cdot(\sqrt{a}+\sqrt{b})}=\frac{\sqrt{a}+\sqrt{b}}{a-b}$$

6. 三个常用的运算结果

$\sqrt{2}\approx1.414$；

$\frac{1}{\sqrt{2}}\approx0.707$；

$220\sqrt{2}\approx311$.

1.6.4 作业巩固

1. 必做题

计算

(1) $\sqrt{\dfrac{x}{3}}=$________,

(2) $\sqrt{8x}=$________,

(3) $\sqrt{6x^2}=$________,

(4) $\sqrt{\dfrac{1}{10}}=$________,

(5) $\sqrt{4x^2y+8xy^2+4y^2}=$________,

(6) $\dfrac{1}{2}(\sqrt{2}+\sqrt{3})-\dfrac{3}{4}(\sqrt{2}-\sqrt{27})=$________,

(7) $\sqrt{5}+\dfrac{1}{\sqrt{5}}-\sqrt{12}=$________,

(8) $\sqrt{12}+\sqrt{18}=$________,

(9) $\left(\sqrt{24}-\sqrt{\dfrac{1}{2}}\right)-\left(\sqrt{\dfrac{1}{8}}+\sqrt{6}\right)=$________,

(10) $\sqrt{75}-\sqrt{54}+\sqrt{96}-\sqrt{108}=$________.

2. 选做题

在电工学中，已知两正弦电动势分别为：

$e_1=65\sqrt{2}\sin(100\pi t+60°)$ V；

$e_2=100\sin(100\pi t-30°)$ V.

求各电动势的最大值和有效值.

任务1.7　一元一次方程及其解法

1.7.1　教学目标

1. 知识目标

（1）了解方程的定义，能判断一个式子是否是方程.

（2）会解一些简单的一元一次方程.

2. 能力目标

（1）通过学习，能够利用定义去判断一个式子是否是方程.

（2）探索用去括号的方法解方程的过程，进一步熟悉方程的变形，弄清楚每步变形的依据及方法.

3. 素质目标

（1）培养分析问题、解决问题的能力.

（2）培养相互合作、共同探索解决问题的能力.

4. 应知目标

（1）比 a 小9的数列式表示为：________________；

x 的2倍与3的和列式表示为：________________.

（2）解方程：$6x-2=10$

1.7.2 核心知识

第一关 一元一次方程

1. 知识要点

方程：____.

一元一次方程：____.

方程的解：____.

一元一次方程的解法：____.

2. 概念应用

判断下列方程是一元一次方程的有：____________________.

（1）$23-x=7$　　（2）$2a-b=3$

（3）$y+3=6y-9$　　（4）$0.32m-(3+0.02m)=0.7$

（5）$2x=1$　　（6）$\frac{1}{2}y-4=\frac{1}{3}y$

第二关 一元一次方程的解法

1. 知识要点

一元一次方程的解法（步骤）：____

____.

2. 解法应用

（1）解方程：$3x+7=32-2x$

解：____________________⟶移项

____________________⟶合并同类项

____________________⟶将系数化为“1”

（2）解方程：$3x-7(x-1)=3-2(x+3)$

解：____________________⟶去括号

____________________⟶移项

____________________⟶合并同类项

____________________⟶将系数化为“1”

3. 实战应用

解下列方程：

(1) $7x+2(3x-3)=20$　　(2) $2x-\frac{2}{3}(x+3)=-x+3$

(3) $\frac{3x+5}{2}=\frac{2x-1}{3}$　　(4) $\frac{3y-1}{4}-1=\frac{5y-7}{6}$

1.7.3　要点总结

1. 方程

方程是含有未知数的等式.

2. 方程的解

方程的解是使方程中等号左右两边相等的未知数的值.

3. 一元一次方程

一元一次方程是只含有一个未知数（元），并且未知数的次数为1的整式方程.

一元一次方程的一般形式为：$ax+b=0$（$a\neq0$）.

4. 一元一次方程的解法

一元一次方程的解法：将方程 $ax+b=0$（$a\neq0$）化为 $x=-\frac{b}{a}$的形式.

其基本步骤为：去括号→移项→合并同类项→将系数化为“1”.

1.7.4 作业巩固

1. 必做题

解下列方程：

（1）$25x-(x-5)=29$

（2）$2(10-0.5x)=-(1.5x+2)$

（3）$\frac{5x+4}{3}+\frac{x-1}{4}=2-\frac{5x-5}{12}$

2. 选做题

有一群鸽子和一些鸽笼，如果每个鸽笼住 6 只鸽子，则剩余 3 只鸽子无鸽笼可住；如果再来 5 只鸽子，加上原来的鸽子，每个鸽笼刚好住 8 只鸽子，列一元一次方程计算出原来有多少只鸽子和多少个鸽笼？

任务1.8　用代入法解二元一次方程组

1.8.1　教学目标

1. 知识目标

（1）会判断一个方程是否是二元一次方程.

（2）会用代入法解简单的二元一次方程组.

2. 能力目标

（1）具备判断一个方程是否是二元一次方程的能力.

（2）掌握用代入法解二元一次方程组的步骤.

3. 素质目标

（1）培养熟练的计算能力.

（2）培养用数学知识解决实际问题的能力.

4. 应知目标

（1）下列方程组中，是二元一次方程组的有__________.

① $\begin{cases} x+y=2 \\ y+z=3 \end{cases}$　　② $\begin{cases} x+y=5 \\ xy=6 \end{cases}$　　③ $\begin{cases} a-b=7 \\ b=6 \end{cases}$

④ $\begin{cases} x+y=-2 \\ x-\dfrac{1}{y}=3 \end{cases}$　　⑤ $\begin{cases} y=5-2x \\ \dfrac{x}{2}+\dfrac{y}{2}=1 \end{cases}$　　⑥ $\begin{cases} x-2=5 \\ 3y+1=2 \end{cases}$

（2）解方程组$\begin{cases} x+y=9 \\ y=2x \end{cases}$

1.8.2 核心知识

第一关 二元一次方程组

1. 知识要点

二元一次方程：____.

二元一次方程组：______________________________________.

二元一次方程组的解：__________________________________.

2. 概念应用

(1) 判断下列各种方程中，是二元一次方程的有____________.

①$3x=2y$　　②$3x^2-y=0$　　③$\frac{1}{x}+y=0$

④$x=3y-1$　　⑤$z=x+y$

(2) 用一个未知数 x，来表示另一个未知数 y

由 $x+2y=4$，得 $y=$____________；

由 $3x+4y=5$，得 $y=$____________；

由 $x-2y=3$，得 $y=$____________.

第二关 用代入法解二元一次方程组

1. 知识要点

解二元一次方程组的基本思想是：______________________________.

用代入法解二元一次方程组的步骤：______________________________

____.

2. 解法应用

用代入法解方程组 $\begin{cases} x-y=2 & ① \\ 3x+y=14 & ② \end{cases}$

解： ________________——→将①式中的 x 用 y 表示出来作为③式

________________——→将③式代入②式，消去 x 得出④式

________________——→解④式得出 y 值

________________——→把 y 值代入①式求出 x 值

________________——→写出二元一次方程组的解

3. 实战应用

用代入法解下列二元一次方程组：

（1）$\begin{cases}4x+y=5\\3x-2y=1\end{cases}$　（2）$\begin{cases}5x+4y=6\\2x+3y=1\end{cases}$

（3）$\begin{cases}y=x+3\\3x-2y=1\end{cases}$　（4）$\begin{cases}3s-t=5\\5s+2t=15\end{cases}$

1.8.3 要点总结

1. 二元一次方程

二元一次方程是含有两个未知数，并且含有未知数的项的次数都是 1 的整式方程 .

2. 二元一次方程组

二元一次方程组是具有相同未知数的两个二元一次方程组成的方程组．

3. 二元一次方程组的解

二元一次方程组的解是组成该方程组的两个方程的公共解．

4. 解二元一次方程组的基本思想

解二元一次方程组的基本思想是消元．

5. 用代入法解二元一次方程组的步骤

（1）把方程组中的一个方程变形，写出用一个未知数表示另一个未知数的代数式的形式；

（2）把上述变形式代入另一个方程中去，得到一个一元一次方程；

（3）解出这个一元一次方程；

（4）把求得的值代入步骤（1）中被变形的方程中，求得另一个未知数的值；

（5）写出方程组的解．

1.8.4　作业巩固

1. 必做题

（1）把下列方程式写成用含 x 的式子表示 y 的形式：

①$\frac{3}{2}x+2y=1$　　　　②$\frac{1}{4}x+\frac{7}{4}y=2$

（2）解下列方程组：

① $\begin{cases} y=2x-3 \\ 3x+2y=8 \end{cases}$　　② $\begin{cases} 2a-b=5 \\ 3a+4b=2 \end{cases}$

2. 选做题

解下列方程组：

（1）$\begin{cases} 3x+4y=16 \\ 5x-6y=33 \end{cases}$　　（2）$\begin{cases} 4(x-y-1)=3(1-y)-2 \\ \dfrac{x}{2}+\dfrac{y}{3}=2 \end{cases}$

任务1.9　用加减消元法解二元一次方程组

1.9.1　教学目标

1. 知识目标

(1) 了解二元一次方程组的定义.

(2) 会用加减消元法解简单的二元一次方程组.

2. 能力目标

(1) 能判断一个方程组是否是二元一次方程组.

(2) 掌握用加减消元法解二元一次方程组的步骤.

3. 素质目标

(1) 培养数学思维能力.

(2) 培养熟练的计算能力.

4. 应知目标

(1) 将方程 $2x-y=3$ 转换成用含 x 的式子表示 y 的形式：________________；也可以转换成用含 y 的式子表示 x 的形式：________________________.

(2) 用加减消元法解方程组

$$\begin{cases}2x+5y=13\\3x-5y=7\end{cases}$$

1.9.2　核心知识

第一关　加减法解二元一次方程组

1. 知识要点

解二元一次方程组的基本思想：____________________.

用加减消元法解二元一次方程组的步骤：____________________

____________________.

2. 解法应用

用加减消元法解方程组$\begin{cases} x-y=2 \\ 3x+y=14 \end{cases}$

（提示：观察x、y的系数之间的特点）

解： ____________________⟶两式相加，得出关于x的一元一次方程

____________________⟶解出x的值

____________________⟶写出原方程组的解

3. 实战应用

用加减消元法解下列二元一次方程组

（1）$\begin{cases} 4x+2y=5 \\ 3x-2y=1 \end{cases}$　　（2）$\begin{cases} 5x+4y=6 \\ 2x+8y=9 \end{cases}$

(3) $\begin{cases} x+2y=9 \\ 3x-2y=-1 \end{cases}$ (4) $\begin{cases} 5m+2n=25 \\ 3m+4n=15 \end{cases}$

4. 合作探索

同学之间互相讨论："代入法"和"加减消元法"各有什么优缺点？

5. 综合应用

用适当的方法解下列方程组：

(1) $\begin{cases} 2a+b=3 \\ 3a+b=4 \end{cases}$ (2) $\begin{cases} \frac{1}{2}x-\frac{3}{2}y=-1 \\ 2x+y=3 \end{cases}$

(3) $\begin{cases}3x-y=10\\2x-3y=6\end{cases}$　　(4) $\begin{cases}2m+5n=15\\3m+n=3\end{cases}$

第二关　方程组的应用

如图 1-4 所示，曲柄冲压机冲压工作时冲头 B 受到的工件阻力 $F=30$ kN，试求当 $\alpha=30°$时，连杆 AB 所受的力 F_{AB}及导轨的约束反力 F_{N}.

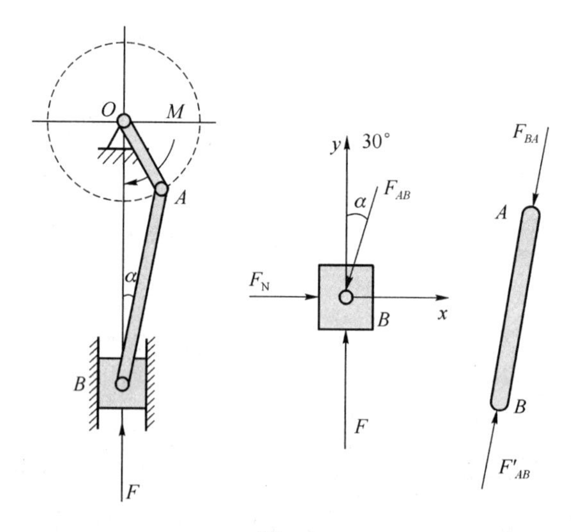

图 1-4

思考：列出平衡方程

$\begin{cases}F_{\mathrm{N}}-F_{AB}\cos(90°-30°)=0\\F-F_{AB}\sin(90°-30°)=0\end{cases}$，如何来解这个方程组？

1.9.3 要点总结

1. 解二元一次方程组的基本思想

解二元一次方程组的基本思想是消元.

2. 加减法解二元一次方程组的步骤

(1) 将其中一个未知数的系数化成相同（或互为相反数）;

(2) 通过相减或相加，消去这个未知数，得到一个一元一次方程;

(3) 解这个一元一次方程，得到这个未知数的值;

(4) 将求出的未知数的值代入原方程组中的任一个方程，求出另一个未知数的值;

(5) 写出方程组的解.

1.9.4 作业巩固

1. 必做题

(1) 方程 $x^{|a|-1}+(a-2)y=2$ 是二元一次方程，求 a 的值.

(2) 解下列方程组:

① $\begin{cases}3u+2t=7\\6u-2t=11\end{cases}$　　② $\begin{cases}2x-5y=-3\\-4x+y=-3\end{cases}$

2. 选做题

解下列方程组：

（1）$\begin{cases} 3(x-1)=y+5 \\ 5(y-1)=3(x+5) \end{cases}$　　（2）$\begin{cases} \frac{2u}{3}+\frac{3v}{4}=\frac{1}{2} \\ \frac{4u}{5}+\frac{5v}{6}=\frac{7}{15} \end{cases}$

任务1.10　三元一次方程组及其解法

1.10.1　教学目标

1. 知识目标

(1) 了解三元一次方程组的定义.

(2) 掌握简单的三元一次方程组的解法.

2. 能力目标

(1) 通过二元一次方程组的解法，探索出三元一次方程组的解题方法.

(2) 利用消元法，掌握三元一次方程组的解法.

3. 素质目标

(1) 培养获取信息、分析问题、处理问题的能力.

(2) 培养用数学知识解决实际问题的能力.

4. 应知目标

(1) 在方程 $5x-2y+z=3$ 中，若 $x=-1$，$y=-2$，则 $z=$ ________.

(2) 解方程组 $\begin{cases} x+y=-1 \\ x+z=0 \\ y+z=1 \end{cases}$

1.10.2 核心知识

第一关 三元一次方程组

1. 知识要点

三元一次方程组：____.

三元一次方程组的解法：____________________________________.

2. 解法应用

解方程组：$\begin{cases} x+y+z=10 \\ 3x+y=18 \\ x=y+z \end{cases}$ （提示：消元）

3. 合作探究

同学之间互相讨论：

（1）三元一次方程组如何转化成二元一次方程组；

（2）二元一次方程组如何转化成一元一次方程.

4. 出谋划策

想一想：能用其他方法解本关解法应用中的三元一次方程组吗？

5. 实战应用

解下列三元一次方程组：

（1）$\begin{cases}x+y+2=12\\x+2y+5z=22\\x=4y\end{cases}$　　（2）$\begin{cases}2x-3y+4z=3\\3x-2y+z=7\\x+2y-3z=1\end{cases}$

（3）$\begin{cases}x+y=3\\y+z=5\\x+z=6\end{cases}$　　（4）$\begin{cases}x+y-z=6\\x-3y+2z=1\\3x+2y-z=4\end{cases}$

第二关　三元一次方程组在电工学中的应用

在如图1-5所示的电路中，$E_1=18$ V，$E_2=9$ V，$R_1=R_2=1$ Ω，$R_3=4$ Ω，求各支路的电流．

解：（1）由基尔霍夫第一定律可知 $I_1+I_2=I_3$，

（2）由基尔霍夫第二定律可知

$E_1=I_1R_1+I_3R_3$

$E_2=I_2R_2+I_3R_3$

（3）代入已知值，整理得$\begin{cases}I_1+I_2-I_3=0\\I_1+4I_3=18\\I_2+4I_3=9\end{cases}$

尝试求出这个方程组中3个未知数的值．

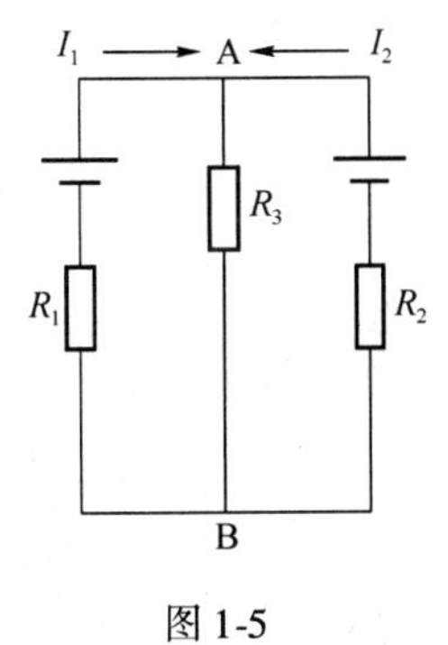

图1-5

1.10.3 要点总结

1. 三元一次方程组

如果方程组中含有三个未知数，每个方程中含有未知数的项的次数都是1，并且方程组中一共有两个或两个以上的方程，这样的方程组叫作三元一次方程组．常用的未知数有 x，y，z.

2. 三元一次方程组的解法

解三元一次方程组的基本思路是：通过“代入”或“加减”进行消元，将“三元化为“二元”，使解三元一次方程组转化为解二元一次方程组，进而再转化为解一元一次方程．

1.10.4 作业巩固

1. 必做题

解以下三元一次方程组：

（1）$\begin{cases} 2x-3y+4z=3 \\ 3x-2y+z=7 \\ x+2y-3z=1 \end{cases}$　　（2）$\begin{cases} x+y=12 \\ x+y+z=10 \\ x-y-z=15 \end{cases}$

2. 选做题

（1）在等式 $y=ax^2+bx+c$ 中，当 $x=-2$ 时，$y=9$；当 $x=0$ 时，$y=3$；当 $x=2$ 时，$y=5$，求 a、b、c 的值．

（2）解方程组 $\begin{cases}x+y=20\\y+z=19\\x+z=21\end{cases}$，你能用多少种方法求解？

项目2

函数基础

项目描述

当我们用数学来分析现实世界中的各种现象时，会遇到各种各样的量，如物体运动中的速度、时间和距离；圆的半径、周长和圆周率；购买商品的数量、单价和总价；某城市一天中不同时刻变化着的气温；某段河道一天中时刻变化着的水位……在这些过程中，有些量固定不变，有些量不断改变，要如何来研究这些运动变化并寻找其中的规律呢?

本项目从现实情境和所学的知识入手，探索两个变量之间的关系．以正反比例函数的概念、特点及在力学、物理学、电工学中的简单应用为主线，使学生在自主学习与合作交流中，内化、升华、巩固知识点，由学生自主揭示规律，形成能力．通过类比、交流、合作、探索，由知识的灌输过程变为学生自主发现知识、探索知识的过程，培养学生的创新意识．

项目整体教学目标

➢知识目标

讨论两个变量的相互关系，理解正反比例函数的概念和意义并能进行简单的应用．

➢能力目标

进一步提高探究问题、归纳问题的能力，能运用函数思想方法解决有关问题．

➢素质目标

培养学生的类比、迁移能力，提升学生与他人探究的合作意识．

任务 2.1 正比例函数

2.1.1 教学目标

1. 知识目标

(1) 理解正比例函数的概念;

(2) 观察、归纳出函数的性质并能简单应用.

2. 能力目标

(1) 培养学生积极参与数学活动, 勇于探究数学现象和规律, 形成良好的质疑和独立思考的习惯;

(2) 通过思考、探究、发现、总结、归纳的认知过程, 能有条理地、清晰地阐述自己的观点.

3. 素质目标

(1) 培养学生的类比、迁移能力;

(2) 提升学生与他人共同探究的合作意识.

4. 应知目标

已知 y 与 x 成正比例, 当 $x=2$, $y=6$ 时,

(1) 求 y 与 x 的函数关系式.

（2）当 $x=4$ 和 $x=-4$ 时，求 y 的值.

2.1.2　核心知识

第一关　闯关热身

有一首儿歌，叫作《数青蛙》：

一只青蛙一张嘴，两只眼睛四条腿，扑通一声跳下水；

两只青蛙两张嘴，四只眼睛八条腿，扑通、扑通跳下水；

…………

（1）同学们在这首儿歌中，发现了什么规律？

（2）设青蛙只数为 x，则

嘴数 $y_1=$ ____________；

眼数 $y_2=$ ____________；

腿数 $y_3=$ ____________；

扑通数 $y_4=$ ____________.

第二关　通力合作、探究定义

1. 正比例函数定义

一般地，形如 $y=kx$（k 为常数，$k\neq0$）的函数，叫正比例函数. 其中，k 叫比例系数.

2. 正比例函数的应用练习

通过写出两个变量的函数关系进行正比例函数的应用练习.

（1）圆的周长 l 随半径 r 的变化而变化，$l=$ ________________.

（2）每个练习本的厚度为0.5 cm，一些练习本摞在一起的总厚度 h 随这些练习本的本数 n 的变化而变化，$h=$________.

（3）冷冻一个0 ℃的物体，使它每分钟下降2 ℃，物体的温度 T（℃）随冷冻时间 t（分）的变化而变化，$T=$________.

观察以上实例，总结正比例函数表达式的特点：

函数 = ________ × ________，________的次数是1.

第三关　合作交流、完善概念

（1）下列这些等式中，正比例函数有________.

① $y=2x$　② $s=\pi r^2$　③ $y=x+2$

④ $y=\frac{4}{x}$　⑤ $y=(a^2+1)x-2$　⑥ $y=\sqrt{3}x$

⑦ $y=8x^2+x(1-8x)$　⑧ $y=7.8x$　⑨ $y=\sqrt{3x}$

（2）分别指出下列函数中常数 k 的值：

① $y=-\frac{\sqrt{3}}{3}x$，其中 $k=$________；

② $y=3x$，其中 $k=$________；

③ $y=(\sqrt{2}-1)x$，其中 $k=$________；

④ $y=-\frac{7}{2}x$，其中 $k=$________.

（3）已知 y 与 x 成正比例，当 $x=4$，$y=-12$ 时，

① y 与 x 的函数关系式为________；

② 当 $x=2$ 和 $x=-5$ 时，y 的值为________.

第四关　知识迁移、拓展应用

应用1. 在电工学中，电流（I）、电压（U）与电阻（R）的关系可以表示为欧姆定律：$I=\frac{U}{R}$，在电阻保持不变的情况下，根据公式，将表2-1中的空格填上.

表2-1

R/Ω	10	10	10
U/V	2	4	6
I/A			

分析表2-1中的数据，可以得出以下结论：

在________一定的情况下，导体中的________跟这段导体两端的电压成________比，电流随________的增大而________.

应用2. 当在某电阻两端加上4 V的电压时，通过它的电流为0.2 A，当电压增大

到 9 V 时，通过它的电流是多少？

应用 3. 德育教育：

一次性餐具因为不用清洗，方便省事，在餐馆中经常使用，但是造成了很大的资源浪费，而且破坏生态环境，所以同学们今后应尽量少用或者不用一次性餐具．

已知用来生产一次性筷子的大树的数量 y（万棵）与加工成一次性筷子的数量 x（亿双）成正比例关系，且 100 万棵大树能加工成 18 亿双一次性筷子．

（1）用来生产一次性筷子的大树的数量 y（万棵）与加工成一次性筷子的数量 x（亿双）的函数解析式为________________________．

（2）据统计，我国一年要消耗一次性筷子约 450 亿双，生产这些一次性筷子约需要________万棵大树．

（3）如果每一万棵大树占地面积为 0.8 平方千米，照这样计算，我国的森林面积每年将因此损失________平方千米．

2.1.3　要点总结

1. 正比例函数定义

一般地，形如 $y=kx$（k 为常数，$k\neq0$）的函数，叫正比例函数．其中，k 叫比例系数．

2. 正比例函数的性质

（1）当 $k>0$ 时，y 随 x 的增大而增大；

（2）当 $k<0$ 时，y 随 x 的增大而减小．

2.1.4 作业巩固

1. 必做题

(1) 若 $y=(m+1)x+m^2-1$ 是关于 x 的正比例函数，则根据正比例函数的定义 $y=kx$，$m^2-1=$________，则 m ________.

(2) 已知正比例函数 $y=kx$（k 为常数，$k\neq 0$），且 y 随 x 的增大而增大，请写出符合上述条件的 k 的一个值________.

2. 选做题

已知 $y+1$ 与 x 成正比例函数关系.

(1) 若 $\frac{y+1}{x}=k$，当 $x=3$ 时，$y=5$，则 $k=$________，y 与 x 之间的函数关系式为__________.

(2) 若点（a，-2）在这个函数上，则 a 的值为________.

(3) 如果 $0\leqslant x\leqslant 5$，则 y 的取值范围是________.

任务 2.2　反比例函数

2.2.1　教学目标

1. 知识目标

（1）从现实情境和已有知识经验出发，讨论两个变量之间的关系，加深对函数概念的理解；

（2）通过对反比例函数概念的抽象思考，领会反比例函数的意义，理解反比例函数的概念.

2. 能力目标

（1）积极动脑、动手、动口，在观察中分析，在分析中思考，在思考中总结，培养分析能力、概括能力和表达能力；

（2）在主动参与探索概念的过程中，发展逻辑推理能力和合作交流、探究发现的意识.

3. 素质目标

（1）培养知识类比、知识迁移能力；

（2）提升与他人共同探究的合作意识.

4. 应知目标

已知 y 是 x 的反比例函数，当 $x=2$ 时，$y=6$.

（1）写出 y 与 x 之间的函数解析式.

（2）求当 $x=4$ 时，y 的值．

2.2.2 核心知识

第一关 闯关热身

请同学们思考并讨论：

与穿平底鞋相比，为什么女生穿高跟鞋会感觉脚疼呢？

第二关 通力合作、探究定义

1. 计算分析

已知压力 F（N），压强 P（Pa）与受力面积 S（m^2）之间的关系为：$F=PS$.

当 $F=120$ N 为常量时，由 $F=PS$，推得 $P=$________.

通过以上推导，请完成表 2-2 中空格的填写．

表 2-2

F/N	120	120	120	120	120
S/m^2	0. 01	0. 1	1	10	100
P/Pa					

对表 2-2 中的数据进行分析，我们会发现：

（1）当受力面 S 越来越大时，压强 P 越来越________，

当受力面 S 越来越小时，压强 P 越来越________.

因此，当一个人的体重一定时，由于高跟鞋与地面接触的面积小，单位面积内脚掌的受力就________，所以与穿平底鞋相比，女生穿高跟鞋会感觉脚疼；平底鞋与地

面接触的面积大，单位面积内脚掌的受力就________，所以穿平底鞋就舒服多了．

（2）变量 P ________（是/不是）S 的反比例函数．

2. 总结规律

在式子 $P=\frac{120}{S}$ 中，分子________是常量，比值________和分母________是变量，称 P 是 S 的反比例函数．

一般地，形如 $y=\frac{k}{x}$（k 为常数，$k\neq0$）的函数，叫作反比例函数．其中：k 是比例系数．

第三关　合作交流、完善概念

（1）下列这些等式中，

正比例函数有：____，

反比例函数有：____．

① $y=\frac{x}{2}$　② $y=-\frac{1}{3x}$　③ $y=x^2$　④ $y=2x+1$

⑤ $y=x^{-1}$　⑥ $xy=3$　⑦ $y=4x$　⑧ $\frac{y}{x}=3$

⑨ $y=-\frac{\sqrt{2}}{x}$　⑩ $y=\frac{5}{x+2}$

（2）已知 y 是 x 的反比例函数，

① 按照反比例函数的定义，设 k 为比例系数，则 y 与 x 之间的函数解析式为：________________，

当 $x=5$ 时，$y=9$，则 $k=$________，

所以此反比例函数的表达式为____________．

② 当 $x=3$ 时，$y=$________．

第四关　知识迁移、拓展应用

应用 1. 反比例函数在物理学中的应用

在物理学中，电流 I，电阻 R，电压 U 之间满足关系式 $U=IR$.

（1）当 $U=220$ V 时，用含有 R 的代数式表示 I：____________．

（2）请完成表 2-3 中空格的填写．

表 2-3

U/V	220	220	220	220	220
R/Ω	20	40	60	80	100
I/A					

(3) 根据关系式 $U=IR$，在电压 U 不变的情况下，

当 R 越来越大时，I 越来越________；

当 R 越来越小时，I 越来越________；

因此，变量 I ________ (是/不是) R 的反比例函数．

在电压 U 不变的情况下，导体中的电流 I 跟这段导体两端的电阻 R 成________比，电流随________的增大而________.

(4) 在某一电路中，保持电压不变，电流 I 与电阻 R 成反比，当电阻 $R=5\ \Omega$，电流 $I=2$ A 时，

按照电流 I，电阻 R，电压 U 之间的关系式 $U=IR$，得 $U=$________；

I 与 R 之间的关系式为 $I=$________；

当电流 $I=0.5$ A 时，电阻 $R=$________.

应用 2. 反比例函数在力学中的应用

素质教育：

阿基米德（公元前 287 年—公元前 212 年），出生于西西里岛的叙拉古，古希腊哲学家、数学家、物理学家，发现了杠杆原理和浮力定律．阿基米德被人们称为“力学之父”，他的一句名言是：

给我一个支点和一根足够长的棍，我就能翘起整个地球！(见图 2-1)

图 2-1

杠杆原理亦称杠杆平衡条件．如图 2-2 所示，要使杠杆平衡，作用在杠杆上的两个力（用力点和阻力点）的大小跟它们的力臂成反比，即：

动力 × 动力臂 = 阻力 × 阻力臂

用代数式表示为：$F_1 \times l_1 = F_2 \times l_2$.

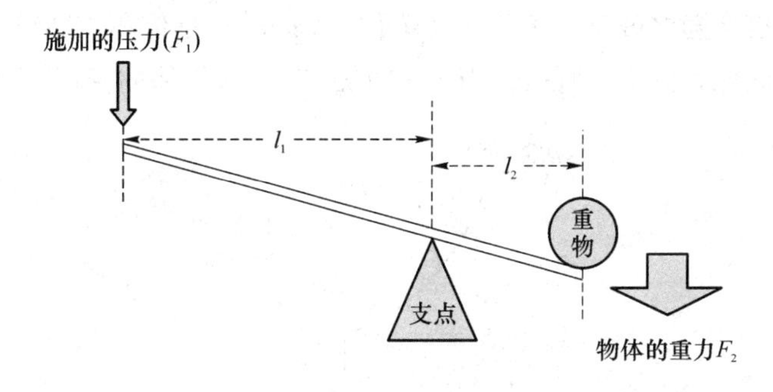

图 2-2

小伟要用棍子撬动一块大石头．已知阻力 1 200 N 和阻力臂 0.5 m 不变，

① 根据杠杆原理，动力 F 与动力臂 l 的函数关系为________.

② 当动力臂为 1.5 m 时，撬动石头需要的动力 F 为________.

③ 若想使动力 F 不超过题②中所用的一半，则动力臂 l 至少要加长________.

2.2.3　要点总结

1. 反比例函数定义

一般地，形如 $y=\frac{k}{x}$（k 为常数，$k\neq0$）的函数，叫作反比例函数．其中：k 是比例系数．

2. 反比例函数的性质

（1）当 $k>0$ 时，y 随 x 的增大而减小；

（2）当 $k<0$ 时，y 随 x 的增大而增大．

2.2.4　作业巩固

1. 必做题

（1）在物理学中，电流 I，电阻 R，电压 U 之间满足关系式 $U=IR$. 在保持电路电压不变的情况下，电路的电阻增大到原来的 2 倍时，通过电路的电流________（增大/减小）到原来的________.

（2）两根电阻丝的电阻分别为 2 Ω 和 16 Ω，将它们接在同一电源两端，则通过它们的电流之比为________：________.

2. 选做题

在一个可以改变体积的密闭容器内装有一定质量的二氧化碳，当改变容器的体积时，气体的密度也会随之改变，密度 ρ（单位：kg/m^3）是体积 V（单位：m^3）的反比例函数，函数的图像如图 2-3 所示，当 $V=10\ m^3$ 时，求气体的密度．

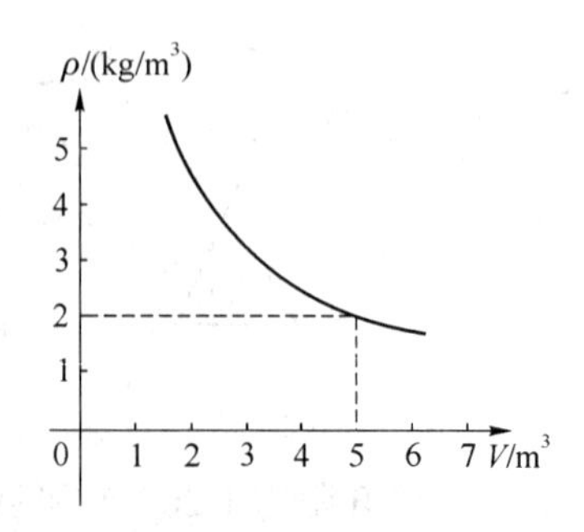

图 2-3

解：设密度 ρ 与体积 V 的反比例函数解析式为________________.

将点（______，______）代入其中得 $k=$________.

因为密度 ρ 与体积 V 的反比例函数解析式为________________，

再将 $V=$________代入解析式中，

所以密度 $\rho=$________.

项目3

三角函数

数学概念大多是经过前辈的实践和探索总结出来的．三角函数发源于三角形边角关系的研究，后来受到了函数思想的渗透，从而引发任意角三角函数的研究，从锐角三角函数推广到任意角三角函数，应该说是认识上的一次巨大的飞跃，这一飞跃由数学大师欧拉引入直角坐标系完成，该成果一直沿用至今．

正弦型函数是中职学校数学的教学内容，正弦交流电是中等职业学校专业基础课电工基础的重要知识点，两者联系密切．在本项目中，我们把正弦型函数的概念应用于电工基础，让正弦型函数和正弦交流电这两大概念有效融合，实现数学课为电工专业基础课打基础的作用．

➢知识目标

掌握三角函数的相关概念，做到“数学知识”与“专业问题”的有机结合．

➢能力目标

通过在教师引导下探索新知的过程，培养观察、分析、归纳的自学能力，为今后的可持续学习打下基础．

➢素质目标

通过运用数形结合的思想方法，体会数学问题从抽象到形象的转化过程，感受数学之美，激发学习数学的信心和兴趣．

任务 3.1　角的概念的推广

3.1.1　教学目标

1. 知识目标

（1）用“旋转”来定义角的概念，理解任意角的概念，学会在平面内建立适当的坐标系来讨论角；

（2）理解正角、负角、零角、象限角、轴线角的含义；

（3）会在直角坐标系中作出任意角 .

2. 能力目标

（1）了解角的概念是解决生活和生产中实际问题的需要，是用数学的观点分析、解决问题的一种表现；

（2）通过作角，掌握数形结合的能力及实际动手的能力 .

3. 素质目标

（1）培养自主学习的能力；

（2）提升与他人共同探究的合作意识 .

4. 应知目标

（1）钟表从 12 时到 12 时 45 分，时针与分针各转了多少度？

（2）在直角坐标系中作出450°、-60°的角.

3.1.2　核心知识

第一关　闯关热身

1. 初中数学中角的概念

角是从一个________出发引出的两条________构成的几何图形.

角的范围是________.

2. 填角度

直角 = ________，平角 = ________，周角 = ________.

锐角 α 的范围是____________，钝角 β 的范围是____________.

3. 角的应用举例

（1）体操比赛中的术语：

①“转体720°”，即转体________周；

②“转体1080°”，即转体________周.

（2）如果时针快了15分钟，需将分针________时针旋转________度以校正；

如果时针慢了15分钟，需将分针________时针旋转________度以校正.

（3）角在现实中的应用还有：自行车车轮旋转，搬动螺丝扳手，开门和关门……

第二关　角的深入

1. 角的概念的推广——通过“旋转”形成角

如图3-1所示，一条射线由原来的位置________，绕着它的端点________，按

________时针方向，旋转到另一位置________，就形成角 α.

旋转开始时的射线________，叫作角 α 的**始边**，旋转终止的射线________叫作角 α 的**终边**，射线的端点________叫作角 α 的**顶点**.

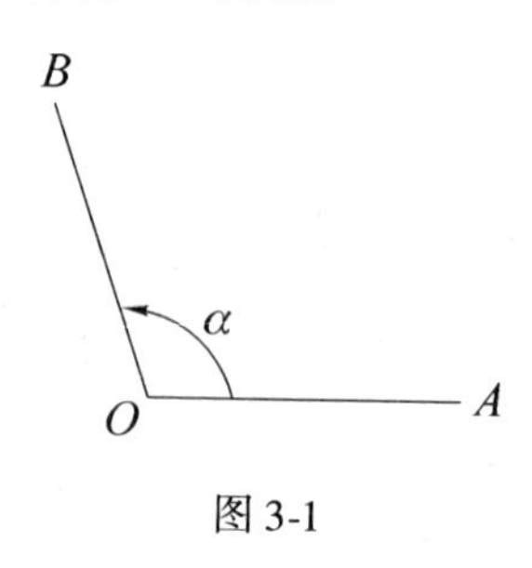

图 3-1

2. 任意角的定义

一般地，把一条射线按照**逆时针**方向旋转而成的角叫作**正角**；
把一条射线按照**顺时针**方向旋转而成的角叫作**负角**；
把一条射线**不做旋转**而形成的角叫作**零角**.

总结：

（1）角有正、负、零之分，角的正负由旋转________决定.

（2）角的范围：角可以任意小，也可以任意大.

（3）常用的角的记法有以下四种：

① 用表示角的符号“∠”加 3 个大写英文字母表示，如 $\angle AOB$；

② 用表示角的符号“∠”加 1 个大写英文字母表示，如 $\angle O$；

③ 用表示角的符号“∠”加小写希腊字母表示，如 $\angle\alpha$，$\angle\beta$；

④ 用表示角的符号“∠”加阿拉伯数字表示，如 $\angle 1$，$\angle 2$.

3. 作角

分别以射线 OA，OC 为始边，画出 $\angle AOB = -45°$，$\angle COD = 120°$.

4. 在平面直角坐标系中讨论角

（1）平面直角坐标系如图 3-2 所示，其又称为笛卡尔坐标系．

平面直角坐标系由一个原点和两个通过原点的、相互垂直的数轴构成．

其中：

水平方向的坐标轴为________轴，以向________为其正方向；

垂直方向的坐标轴为________轴，以向________为其正方向．

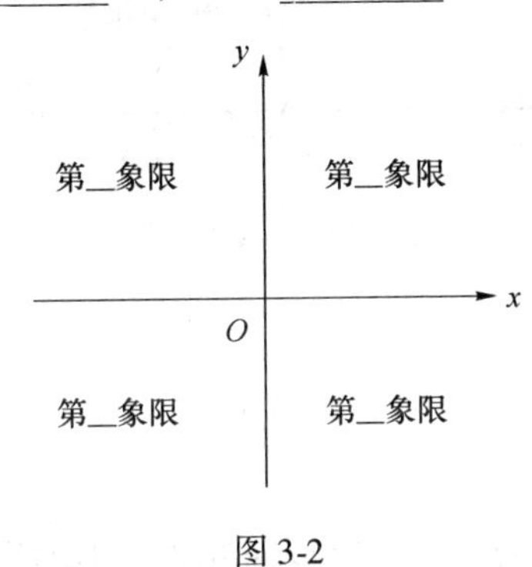

图 3-2

（2）象限角与轴线角．

通常，我们在直角坐标系内讨论角，将角放到平面直角坐标系内，使角的顶点与直角坐标系的原点重合，角的始边与直角坐标系的 x 轴的非负半轴重合，如果角的终边落在第一象限，就说这个角是第一象限角；角的终边落在第二象限，就说这个角是第二象限角；角的终边落在第三象限，就说这个角是第三象限角；角的终边落在第四象限，就说这个角是第四象限角．

特别地，如果角的终边落在坐标轴上，则称这个角为轴线角．轴线角不属于任何象限．

请同学们自己举出角的例子：

第一象限的角：________、________、________；

第二象限的角：________、________、________；

第三象限的角：________、________、________；

第四象限的角：________、________、________．

x 轴正半轴的轴线角：________、________；

y 轴正半轴的轴线角：________、________；

x 轴负半轴的轴线角：________、________；

y 轴负半轴的轴线角：________、________．

第三关　角的舞动

1. 观察图 3-3

在直角坐标系中作出的两个角：120°，－120°，画图时，无论是正角还是负角，它们的起点都是：________；

旋转的方向用________表示；

旋转的大小用________的长短来表示.

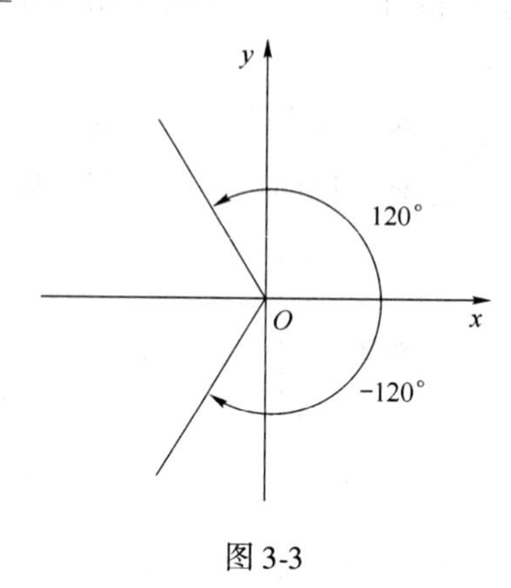

图 3-3

2. 作角

在直角坐标系中，以原点为顶点，以 x 轴的非负半轴为始边，画出下列各角.

（1）30°

（2）225°

（3）－90°

（4）－330°

（5）405°　　　　（6）1 700°

（7）$-1\ 750°$　　　　（8）$-630°$

3. 填空

如果，时针转一圈是 12 h，75 h 可以用 3 天零 3 h 表示，那么把角度与时钟类比，得到：

390°是______圈，加______°，即 390° = ______ ×360° + ______°；

$-450°$是负______圈，减______°，即 $-450°$ = ______ ×360° − ______°.

3.1.3　要点总结

1. 任意角的定义

一般地，把一条射线按照逆时针方向旋转而成的角叫作正角；按照顺时针方向旋转而成的角叫作负角；不做旋转形成的角叫作零角.

2. 直角坐标系中角的分类

（1）象限角：将角放到平面直角坐标系内，使角的顶点与原点重合，角的始边与 x 轴的非负半轴重合，那么角的终边（除端点外）在第几象限，就说这个角是第几象限角.

（2）轴线角：如果角的终边落在坐标轴上，就说该角为轴线角．

3.1.4 作业巩固

1．必做题

（1）钟表经过 4 小时，时针转了________°，分针转了________°.

（2）在直角坐标系中，作出下列各角，并判断各为第几象限角或什么类型的轴线角．

① $450°$　　② $-450°$

2．选做题

（1）锐角是第________象限角，第一象限的角一定是锐角吗？小于 $90°$ 的角是锐角吗？

（2）当12时15分时，时针与分针之间的夹角是多少度？

（3）射线 OA 绕端点 O 顺时针旋转 $80°$ 到 OB 的位置，接着逆时针旋转 $250°$ 到 OC 的位置，然后再逆时针旋转 $270°$ 到 OD 的位置，求 $\angle AOD$ 的大小，并作图验证．

O A

任务 3.2　弧度制的概念

3.2.1　教学目标

1. 知识目标

(1) 明确弧度制的概念;

(2) 熟悉弧度制的应用.

2. 能力目标

(1) 掌握弧度制的定义;

(2) 掌握弧度制的基本应用.

3. 素质目标

(1) 培养自主学习的能力;

(2) 培养勇于探索的精神.

4. 应知目标

(1) 设圆的周长为$2\pi r$, 在弧度制下它的圆心角是多少弧度?

（2）写出弧度制下的弧长公式．

3.2.2　核心知识

第一关　回忆“度”

1．作图

作以 O 为圆心，以 4 cm 为半径的圆．

• O

2. 圆心角

圆心角的顶点在________，角的两边________________.

3. 1°的定义

1°的角是指____.

4. 角度制

用“度”来度量角的制度叫________制.

5. 角度制的单位：度、分、秒

（1）换算关系：$1° =$ ________$'$；$1' =$ ________$''$.

（2）角度制计算练习：

① $25°38' + 42°56' =$ ________；

② $105°15' - 26°49' =$ ________.

第二关　展望“弧度”

1. 动手操作

（1）准备一根软线绳；

（2）在第一关作的圆 O 上，用直尺画出射线 OA 平行于本书的底边，用笔将射线与圆 O 的交点标记为 A；

（3）用软线绳在圆周的 A 点上方，截取长度等于半径的一段圆弧 AB，并用笔将点 B 标记在点 A 的上方；

（4）画出圆心角 $\angle AOB$.

（5）总结：$\angle AOB = 1$ 弧度，记 $\angle AOB = 1$ rad.

2. 1 rad 的角的定义

把长度等于________的________所对应的________，称为 1 rad 的角.

3. 弧度制

以弧度（rad）为单位度量角的制度，叫弧度制.

4. 总结

对于弧度制下的任意角，

正角的弧度数是________；

负角的弧度数是________；

零角的弧度数是________.

第三关　深入了解“弧度”

1. 作图

（1）以第一关所作圆的圆心 O 为圆心，以 5 cm 为半径画圆；

（2）延长 OA 与大圆交于 A'，延长 OB 与大圆交于 B'.

2. 测量并总结

仍然利用软线绳，在大圆周上测量圆弧 $A'B'$ 的长度为________cm，则 $\angle A'OB'$ = ________rad.

比较数据后总结：圆的半径改变了，1 rad 角的大小________（有/没有）改变.

结论：弧度的大小与圆的半径________（有关/无关）.

第四关　弧度制下的“弧长公式”

1. 作图并填空

利用软线绳在以 O 为圆心，以 4 cm 为半径的圆上分别测量并画出下列弧长的圆心角并填空.

① 2 r，则对应的圆心角为________rad；

② 1.5 r，则对应的圆心角为________rad；

③ 0.5 r，则对应的圆心角为________rad.

2. 讨论总结

任意角的弧度数 α 和弧长 l 及半径 r 的关系为________.

因为弧度数有正有负，所以，任意角的弧度数 α 和弧长 l 及半径 r 的关系为：________________.

3. 推理半径、弧长、圆心角的关系

如果半径为 r，弧长为 l 的圆弧所对的圆心角为 α 弧度，推出三个量的关系如下：

弧度的计算公式：$|\alpha|$ = ________（已知弧长和半径）；

弧长的计算公式：l = ________（已知半径和圆心角的弧度数）；

半径的计算公式：r = ________（已知弧长和圆心角的弧度数）.

第五关　弧度制的应用

（1）已知：车床加工工件时，一工件在圆周上转过的弧度为 −4 rad，圆的半径为 40 cm.

求：工件转过的弧长.

解：由弧长公式 l = ________，

得 l = ________cm.

答：工件转过的弧长为________cm.

（2）已知：一扇形的弧长为 120 cm，扇形的圆弧所对圆心角的弧度数为 5 rad.

求：此扇形的半径.

解：由弧长公式 l = ________，

得 r = ________，

代入数值 $r=$ ________ cm.

答：扇形的半径为________cm.

第六关　弧度制的历史

1. 数学家欧拉与弧度制

18 世纪以前，人们一直是用线段的长度来定义三角函数的．弧度制的基本思想是使圆的半径与圆的周长用同一度量单位，然后用对应的弧长与圆的半径之比来度量角度．欧拉在他的著作中提出了弧度制的思想．弧度制的精髓就在于统一了弧长与半径的单位，从而大大简化了有关公式及运算，在高等数学中，其优点格外明显．

欧拉（见图 3-4），瑞士数学家及自然科学家，是 18 世纪数学界最杰出的人物之一，他不但为数学界作出贡献，更把数学推广至物理学多个领域．此外，他是数学史上最多产的数学家，他写了大量的力学、几何学、变分法等领域的专著．

图 3-4

欧拉在 1707 年 4 月 15 日出生于瑞士的巴塞尔，1783 年 9 月 18 日在俄国的彼得堡去世．欧拉出生于牧师家庭，自幼受到父亲的教育，13 岁时入读巴塞尔大学，15 岁大学毕业，16 岁获得硕士学位．欧拉的父亲希望他学习神学，但他最感兴趣的是数学．在上大学时，欧拉钻心研究数学，18 岁时，他彻底地放弃当牧师的想法而专攻数学，19 岁时（1726 年）开始创作文章，并获得巴黎科学院奖金．1727 年，在丹尼尔・伯努利的推荐下，到俄国的彼得堡科学院从事研究工作．并在 1731 年接替丹尼尔・伯努利，成为物理学教授．

2. 德育教育

讨论：从数学家欧拉身上我们学到了什么精神？

3.2.3　要点总结

1. 圆心角：

顶点在圆心上，角的两边与圆周相交的角叫圆心角.

2. 圆周角

顶点在圆周上，角的两边与圆周相交的角叫圆周角.

3. 1 弧度的角

把长度等于半径的圆弧所对应的圆心角，称为 1 弧度的角，记作 1 rad.

4. 弧度制

以弧度（rad）为单位度量角的制度，叫弧度制.

5. 半径、弧长、圆心角的计算公式

如果圆的半径为 r，弧长为 l 的圆弧所对应的圆心角为 α 弧度，存在如下计算公式.

弧度的计算公式：$|\alpha|=\frac{l}{r}$（已知弧长和半径）.

弧长的计算公式：$l=r\cdot|\alpha|$（已知半径和圆心角的弧度数）.

半径的计算公式：$r=\frac{l}{|\alpha|}$（已知弧长和圆心角的弧度数）.

3.2.4　作业巩固

1. 必做题

（1）选择题.

① 在半径不等的圆中，1 弧度所对应的（　　）.

A. 弦长相等　　　　B. 弧长相等

C. 弦长等于所在圆的半径　　　　D. 弧长等于所在圆的半径

② 将分针拨快 10 分钟，则分针转过的弧度数是（　　）.

A. $\frac{\pi}{3}$　　B. $-\frac{\pi}{3}$　　C. $\frac{\pi}{6}$　　D. $-\frac{\pi}{6}$

（2）已知圆的半径为 2 厘米，求 5 弧度圆心角所对应的弧长.

2. 选做题

已知圆的半径为 2 厘米，求 150°圆心角所对应的弧长 .

任务 3.3　角度与弧度的换算

3.3.1　教学目标

1. 知识目标

学习并掌握角的度与弧度的换算.

2. 能力目标

（1）掌握角度制与弧度制的换算公式；

（2）能熟练地进行角度制与弧度制的换算；

（3）牢记特殊角的弧度数与角度数的互化 .

3. 素质目标

（1）培养自主学习的能力；

（2）培养团队协作的精神 .

4. 应知目标

（1）$225° =$ ________rad；

（2）$-\frac{\pi}{4} =$ ________°.

3.3.2　核心知识

第一关　特殊角的度与弧度换算

1. 闯关热身

（1）一个圆周的圆心角是________度.

(2) 圆的周长的计算公式 $l=$ ________，

一个圆周的圆心角 $\alpha=$ ________弧度（rad）.

(3) 圆心角的“度”与“弧度”的换算关系为__________.

2. 类比推理

根据 $360°=2\pi$，尝试推出：

(1) $180°=$ ________；

(2) $90°=$ ________；

(3) $60°=$ ________；

(4) $30°=$ ________；

(5) $45°=$ ________.

3. 知识迁移

根据闯关热身和类比推理所学的知识，趁热打铁，乘胜追击，完成表 3-1 的填写.

表 3-1

度	0°	120°	135°	150°	210°	225°	240°	270°	300°	330°	360°
rad											

第二关 团队比赛

(1) 比赛内容：度与弧度的换算.

(2) 比赛方法：学生分成八组，教师出题，每人一题，答对者得 10 分，答错者不得分. 一共四轮，将每组每轮的得分填入表 3-2 中，按照总分将各组成绩排序，第一名为冠军组.

表 3-2

	第一组	第二组	第三组	第四组	第五组	第六组	第七组	第八组
第一轮								
第二轮								
第三轮								
第四轮								
总分								

第三关 度与弧度的换算

1. 拓展思维

根据：$360°=2\pi \longrightarrow 180°=\pi$，请同学们尝试推出：

$1°=$ ________ $\approx$ ________；

$1\ \text{rad}=$ ________ $\approx$ ________.

2. 实战演练

（1）度与弧度的换算训练.

① $225° =$ ________ rad；$240° =$ ________ rad.

② $-144° =$ ________ rad；$22°30' =$ ________ rad.

③ $255° =$ ________ rad；$270° =$ ________ rad.

④ $-\frac{5\pi}{4} =$ ________ °；$-\frac{\pi}{3} =$ ________ °.

⑤ $-\frac{\pi}{4} =$ ________ °；$\frac{7\pi}{8} =$ ________ °.

⑥ $-\frac{7\pi}{6} =$ ________ °；$\frac{7\pi}{3} =$ ________ °.

（2）已知：一扇形的周长为 120 cm，扇形的弧所对的圆心角为 $-30°$，则此扇形的半径为________cm.

第四关　弧度制的应用

应用 1. 弧度制在机械基础中的应用

利用：$1\text{rad} \approx 57.30°$

小带轮包角大小的计算公式为：$\alpha \approx 180° - \left(\frac{d_2 - d_1}{a}\right) \times 57.3°$

应用 2. 弧度制在电工学中的应用

（1）正弦交流电、电压及电动势变化一周可用 2π 弧度来表示.

（2）角频率为 $\omega = \frac{2\pi}{T} = 2\pi f$.

3.3.3　要点总结

1. 圆的周长公式

圆的周长公式：$C = 2\pi r = \pi d$.

2. 圆的面积公式

圆的面积公式：$s = \pi r^2$.

3. 度与弧度的基本换算关系

度与弧度的基本换算关系：$180° = \pi$.

4. 度与弧度的换算关系

度与弧度的换算关系：$1° = \frac{\pi}{180}\text{ rad} \approx 0.017\ 45\text{ rad}$；

$1\ \text{rad} = \left(\frac{180}{\pi}\right)^{\circ} \approx 57.30^{\circ} = 57^{\circ}18'$.

5. 常用角的度与弧度的换算

常用角的度与弧度的换算如表 3-3 所示.

表 3-3

度	0°	30°	45°	60°	90°	120°	135°	150°
rad	0	$\frac{\pi}{6}$	$\frac{\pi}{4}$	$\frac{\pi}{3}$	$\frac{\pi}{2}$	$\frac{2\pi}{3}$	$\frac{3\pi}{4}$	$\frac{5\pi}{6}$
度	180°	210°	225°	240°	270°	300°	330°	360°
rad	π	$\frac{7\pi}{6}$	$\frac{5\pi}{4}$	$\frac{4\pi}{3}$	$\frac{3\pi}{2}$	$\frac{5\pi}{3}$	$\frac{11\pi}{6}$	2π

3.3.4　作业巩固

1. 必做题

（1）把下列各角用弧度制表示（用 π 表示）：

$420^{\circ} =$ ________________；

$300^{\circ} =$ ________________；

$-120^{\circ} =$ ________________.

（2）把下列各角用角度制表示：

$\frac{5\pi}{3} =$ ________________；

$\frac{3\pi}{5} =$ ________________；

$-\frac{11\pi}{6} =$ ________________.

2. 选做题

（1）用计算器将度化成弧度（精确到 0.01）：

① $310^{\circ} =$ ________________；

② $-618^{\circ} =$ ________________.

（2）用计算器将弧度化成度（精确到 0.1）：

① $3\ \text{rad} =$ ________°；

② $\frac{\pi}{11} =$ ________°.

任务3.4 勾股定理

3.4.1 教学目标

1. 知识目标

（1）通过探索找出直角三角形三边的平方关系——勾股定理；

（2）利用勾股定理解决相关问题.

2. 能力目标

（1）通过观察、讨论、归纳，进一步培养探索及推理能力；

（2）培养与人合作的能力.

3. 素质目标

（1）感受历史，体会勾股定理的文化价值；

（2）感悟数学之美，体味探究之趣.

4. 应知目标

（1）用文字叙述勾股定理的内容.

（2）已知$\triangle ABC$的三边为$a=5$，$b=12$，$c=13$，试判断此三角形是否为直角三角形.

3.4.2　核心知识

第一关　闯关热身

1. 数学历史

当你遇到一件非常高兴的事，你会干什么？

有一位叫毕达哥拉斯（见图3-5）的古希腊著名数学家遇见一件令他高兴的事后，竟然杀死一百头牛！这是为什么呢？

毕达哥拉斯是古希腊数学家、哲学家．相传在2 500年以前，毕达哥拉斯到朋友家去做客，主人家里的餐厅豪华如宫殿，地面上铺着精美的正方形大理石地砖．由于大餐迟迟不上桌，饥肠辘辘的贵宾们颇有怨言，但是这位善于观察的数学家正双眼凝视着脚下这些排列规则的、美丽的方形瓷砖．他不是在欣赏瓷砖的美丽，而是在全神贯注地思考一个数学问题！以至于那一顿饭的时间，这位古希腊数学大师的视线一直都没有离开过地面！此刻，他发现了一个伟大的定理——毕达哥拉斯定理！为了庆祝这一定理的发现，毕达哥拉斯学派杀了一百头牛供奉神灵，因此这个定理又叫作“百牛定理”．

图3-5

课下，同学们可以上网收集毕达哥拉斯定理的相关资料．

2. 素质教育

同学们一定听说过“勾三，股四，弦五”吧！其实，毕达哥拉斯定理也叫勾股定理．勾股定理是一个基本的几何定理，它是用代数思想解决几何问题的最重要的工具之一，也是数形结合的纽带之一，因此勾股定理是几何学中一颗光彩夺目的明珠，被称为“几何学的基石”！在高等数学和其他学科中勾股定理有着极为广泛的应用．世界上几个文明古国都对勾股定理进行了广泛的研究．中国是最早发现这一几何宝藏的国家之一，早在公元前1120年中国古代数学家商高就开始研究勾股定理了．中国古代数学家称直角三角形为勾股形（见图3-6），较短的直角边称为勾，另一直角边称为股，斜边称为弦，所以勾股定理也称为勾股弦定理．

同学们一定记得在中学使用过的初中数学课本（见图3-7）吧！

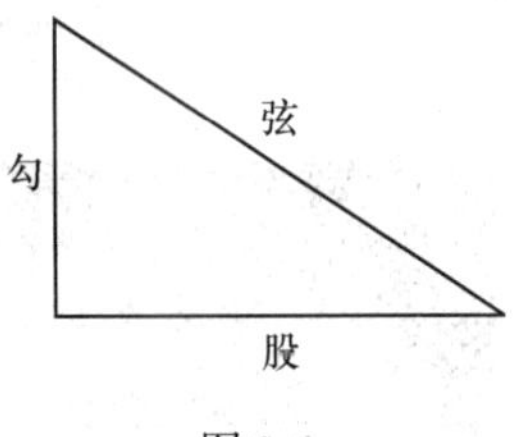

图 3-6

图 3-7

初中数学课本封面上的由四个直角三角形组成的图案，是第 24 届国际数学家大会的会标（见图 3-8）.

2002 年 8 月 20 日，第 24 届国际数学家大会在北京人民大会堂召开．这是国际数学家大会第一次在发展中国家召开，会议主席是中国数学家吴文俊院士，这也是第一次由发展中国家数学家担任大会主席．国际数学家大会已有百余年历史，它是世界上最高水平的数学科学学术会议，被誉为国际数学界的“奥林匹克”．大会颁发的菲尔茨奖是最著名的世界性数学奖，被誉为“数学领域的诺贝尔奖”.

第 24 届国际数学家大会为什么选用此图作为会标？它有什么特殊含义呢？原来，此图被称为“赵爽弦图”（见图 3-9）．“赵爽弦图”是我国汉代数学家赵爽在证明勾股定理时所用，此图表现了我国古人对数学的钻研精神和聪明才智，是我国古代数学的骄傲！

图 3-8　　图 3-9

下面就来开启我们的勾股闯关之旅吧！

第二关　走进勾股

1. 作图

学生准备三角板、圆规等工具，按照给定的尺寸，尽量准确地作出以下三个直角三角形：

（1）两直角边 a，b 长分别为 3 cm 和 4 cm 的直角三角形；

（2）两直角边 a，b 长分别为 6 cm 和 8 cm 的直角三角形；

（3）两直角边 a，b 长分别为 5 cm 和 12 cm 的直角三角形．

根据所作图形，测量每个直角三角形斜边 c 的长度，并完成表 3-4 的填写．

表 3-4

a	b	c	a^2+b^2	c^2
3	4			
6	8			
5	12			

通过以上数据，我们探究出勾股定理：____
____.

2. 验证探究

如图 3-10 所示，同学们通过以上三组数据的计算，总结出在$\triangle ABC$中，$\angle C=90°$，$\angle A$、$\angle B$、$\angle C$的对边分别为a、b、c，有：________^{2} + ________^{2} = ________^{2}.

结论：在直角三角形中，两条直角边的平方________等于________的平方.

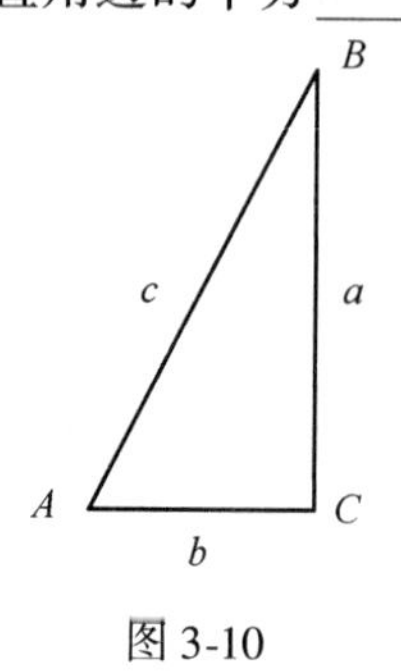

图 3-10

3. 定理应用

在电工学中涉及电压、功率和阻抗三个三角形.

依照勾股定理，分别用等式表示图 3-11、图 3-12 和图 3-13.

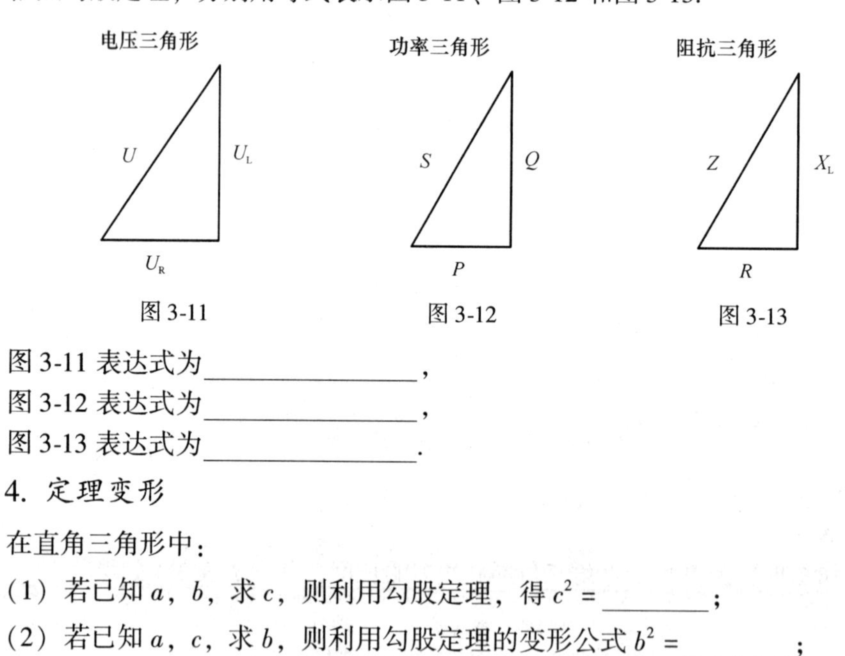

图 3-11　　图 3-12　　图 3-13

图 3-11 表达式为________________，

图 3-12 表达式为________________，

图 3-13 表达式为________________.

4. 定理变形

在直角三角形中：

（1）若已知a，b，求c，则利用勾股定理，得$c^2=$________；

（2）若已知a，c，求b，则利用勾股定理的变形公式$b^2=$________；

（3）若已知b，c，求a，则利用勾股定理的变形公式$a^2=$________.

5. 实作演练

如图 3-14 所示，一根旗杆在离地面 9 m 处断裂，旗杆顶部落在离旗杆底部 12 m 处，旗杆折断之前有多高？

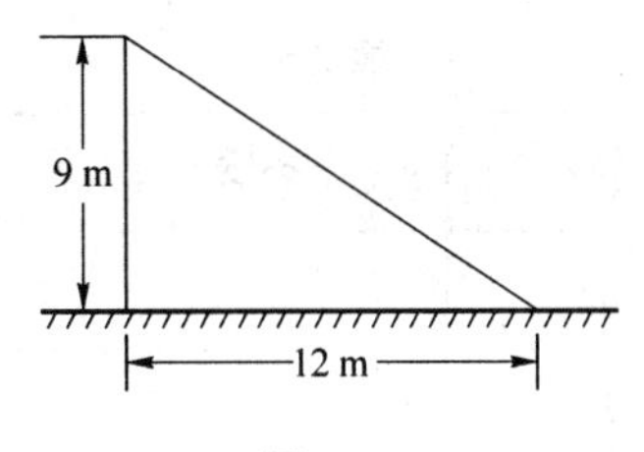

图 3-14

解：旗杆折断后，落地点与旗杆底部的距离为______m，旗杆离地面________m折断，因为折断的旗杆的底部与地面垂直，所以折断的旗杆的底部与地面形成了一个________三角形 .

根据勾股定理，顶部断裂落下的旗杆为______________ = ________m，所以旗杆折断之前高度为________________ = ________m.

第三关　反转勾股

1. 作图量角

表 3-5 中的 a，b，c 分别表示一个三角形的三边长 .

表 3-5

a	b	c	是否满足 $a^2+b^2=c^2$	是否为直角三角形
11	9	14		
15	8	18		
5	12	13		

（1）这三组数据都满足 $a^2+b^2=c^2$ 吗？将结果填入表 3-5 中 .

（2）分别以每组数据为三边长作出三角形，然后用量角器量一量，它们都是直角三角形吗？将结果填入表 3-5 中 .

通过以上数据，我们做以下总结 .

勾股定理的逆定理用文字叙述为：____

____.

勾股定理的逆定理用式子叙述为：____

____.

2. 巩固提高

设三角形三边长分别为表 3-6 中的（a，b，c），利用勾股定理的逆定理判断各三角形是否是直角三角形，并填写表 3-6 中的空格 .

表 3-6

a	b	c	是否满足 $a^2+b^2=c^2$	是否为直角三角形
7	24	25		
12	35	37		
6	9	14		

3.4.3　要点总结

1. 勾股定理

（1）勾股定理：在直角三角形中，两条直角边的平方和等于斜边的平方．

即：$a^2+b^2=c^2$.

（2）勾股定理的变形：

① $a=\sqrt{c^2-b^2}$；

② $b=\sqrt{c^2-a^2}$；

③ $c=\sqrt{a^2+b^2}$.

2. 勾股定理逆定理

勾股定理逆定理：如果三角形的三边长分别为：a、b、c，满足 $a^2+b^2=c^2$，则这个三角形为直角三角形．

3.4.4　作业巩固

1. 必做题

（1）有池方一丈，葭生其中央．出水一尺，引葭赴岸，适与岸齐，问水深、葭长各几何？

解：依题意，作出图 3-15.

芦苇长________，水深________，

池中心点距岸边的距离________.

设 $AB=x$ 尺，则 $BC=$________尺

根据勾股定理得：________________

解得 $x=$________，芦苇长________$=$________.

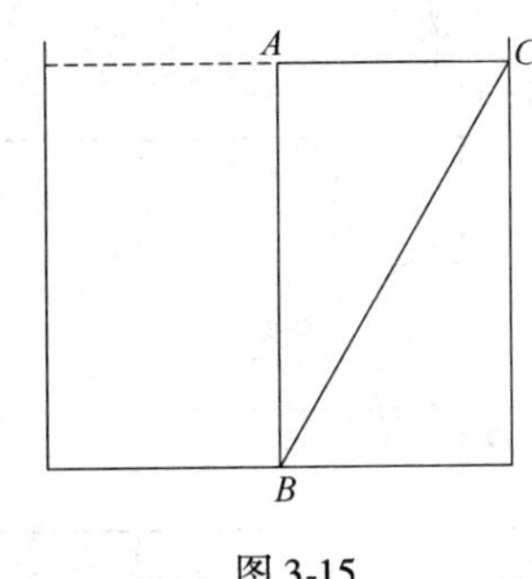

图 3-15

（2）求图 3-16 中未知正方形的面积及图 3-17 中未知边的长度.

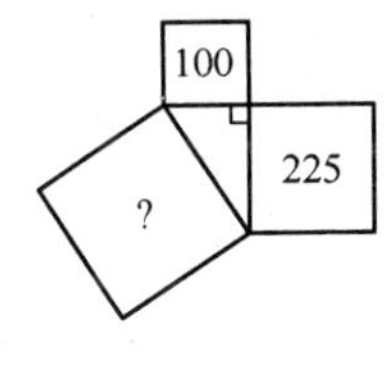

图 3-16

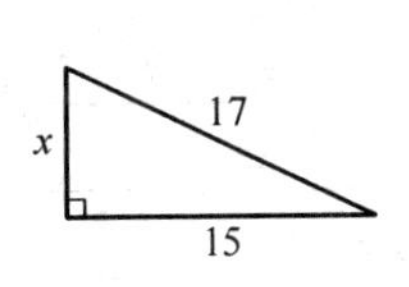

图 3-17

解：如图 3-16 所示：大正方形面积 = ________________ = ________

如图 3-17 所示，$\_\_\_\_\_\_^2 + \_\_\_\_\_\_^2 = \_\_\_\_\_\_^2$，$x =$ ________

2. 选做题

（1）波平如镜一湖面，半尺高处出红莲，鲜艳多姿湖中立，猛遭狂风吹一边；红莲斜卧水淹面，距根生处两尺远；渔翁发现忙思考，湖水深浅有多少?

解：如图 3-18 所示，设湖水深为 x 尺，红莲原高出水面________尺.

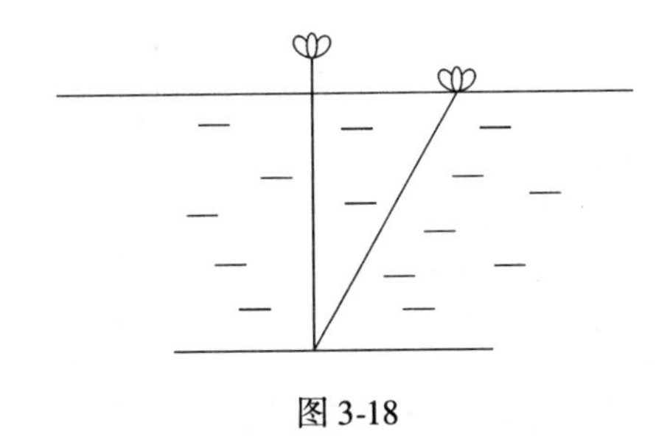

图 3-18

所以，红莲总长度为________尺.

当狂风把红莲吹一边后，红莲至根部的水平距离为________尺.

根据勾股定理得：________________，解得 $x =$ ________，即湖水深________尺.

（2）图 3-19 所示为一个长方形零件，根据所给尺寸（单位：mm），求两孔中心 A、B 之间的距离.

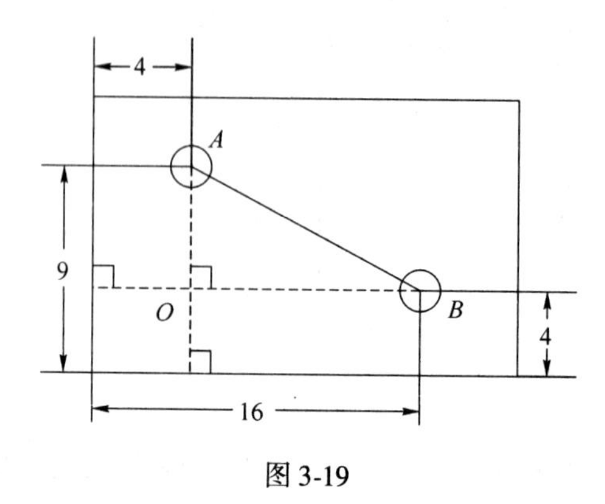

图 3-19

解：依题意得：

$AO =$ ________________ $=$ ________，

$BO =$ ________________ $=$ ________.

在 Rt△AOB 中，$AB =$ ________________ $=$ ________________ $=$ ________.

所以两孔中心 A、B 之间的距离为________mm.

任务3.5　锐角三角函数概念

3.5.1　教学目标

1. 知识目标

（1）正弦、余弦、正切的定义；

（2）特殊角的三角函数值.

2. 能力目标

（1）通过探索直角三角形中的边与角的关系，培养由特殊到一般的演绎推理能力；

（2）在主动参与探索概念的过程中，发展合情合理的推理能力和合作交流的团队意识.

3. 素质目标

（1）培养自主学习的能力；

（2）提升与他人共同探究的合作意识.

4. 应知目标

已知在 Rt$\triangle ABC$ 中，$\angle C=90°$

（1）若 $AB=10$，$BC=8$，求$\angle A$的正弦值.

（2）若 $AB=6$，$\angle A=30°$，求 AC 的长．

3.5.2　核心知识

第一关　闯关热身

美国人体工程学研究人员卡特·克雷加文调查发现，70% 以上的女性喜欢穿鞋跟为 6 ~7 厘米的高跟鞋，但专家认为，穿 6 厘米以上的高跟鞋，腿肚、背部等处的肌肉非常容易疲劳．

据研究，当高跟鞋的鞋底与地面的夹角为 11 度左右时，人脚的感觉最舒适．假设某成年人脚前掌到脚后跟长为 15 厘米，不难算出鞋跟在 3 厘米左右高度时为最佳．

同学们，你们知道专家是怎样计算的吗？

让我们开启闯关之旅吧！

第二关　互动问答

（1）勾股定理：__________________________________．

（2）直角三角形的两个锐角的和是______________________________．

（3）如图 3-20 所示，

在 Rt△ABC 中，$\angle C=90°$，则

边 a 是 $\angle A$ 的________边，

边 b 是 $\angle A$ 的________边，

边 c 是 $\angle A$ 的________边．

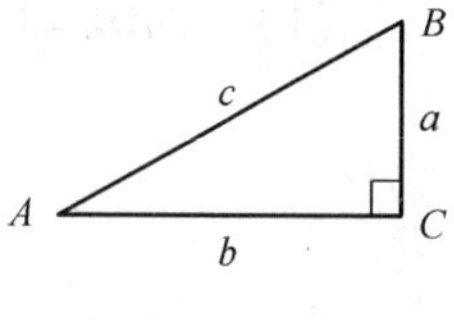

图 3-20

第三关　初探锐角三角函数

1．定义

如图 3-20 所示，在 Rt△ABC 中，$\angle C=90°$，$\angle A$ 的对边记作 a，$\angle B$ 的对边记作 b，$\angle C$ 的对边记作 c，那么三条边 a，b，c 之间两两作比，比值一共有________种情况．

比值分别是：________________________________. 如果互为倒数的两组只留下一组，则比值为________________.

锐角三角函数的概念总结如下：

如图3-20所示，在Rt$\triangle ABC$中，$\angle C=90°$，$\angle A$的对边记作a，$\angle B$的对边记作b，$\angle C$的对边记作c. 我们把

锐角A的对边与斜边的比值叫作$\angle A$的正弦，记作$\sin A$，即$\sin A=$________；

锐角A的邻边与斜边的比值叫作$\angle A$的余弦，记作$\cos A$，即$\cos A=$________；

锐角A的对边与邻边的比值叫作$\angle A$的正切，记作$\tan A$，即$\tan A=$________.

2. 即时应用

在Rt$\triangle ABC$中，$\angle C=90°$，$AC=3$，$CB=4$，求$\sin B$，$\cos B$，$\tan B$.

根据勾股定理，斜边$AB=$________，

则：$\sin B=$________；

$\cos B=$________；

$\tan B=$________.

3. 依图找规律

（1）在图3-21所示的Rt$\triangle ABC$中，令$\angle C=90°$，$\angle A=30°$.

（2）在图3-22所示的Rt$\triangle ABC$中，令$\angle C=90°$，$\angle A=45°$.

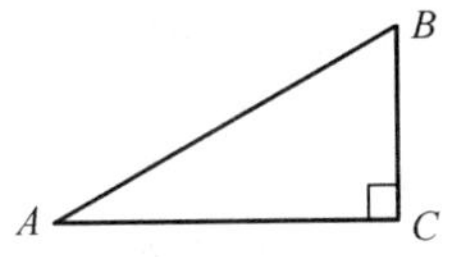

图3-21 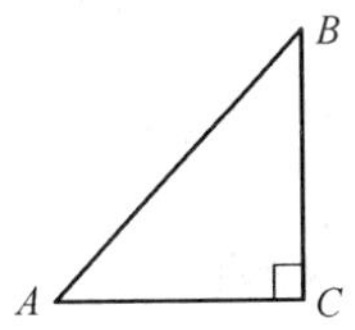　　　　图3-22

根据勾股定理，填写表3-7中的空格.

表3-7

角	对边	邻边	斜边
30°（图3-21中的$\angle A$）			
45°（图3-22中的$\angle A$）			
60°（图3-21中的$\angle B$）			

第四关　特殊角三角函数值

根据锐角三角函数的定义，以及表3-7中的数据，学生分组讨论并填写表3-8中的空格.

表 3-8

三角函数	30°	45°	60°
$\sin\alpha$			
$\cos\alpha$			
$\tan\alpha$			

第五关　高跟鞋与锐角三角函数

如图 3-23 所示，已知$\angle A=11°$，$AC=15$ cm 时，

根据锐角三角函数的定义，要想求 BC 的长度，

要用正切函数，所以，$\tan A=\frac{BC}{AC}$，

$BC=AC\cdot\tan A=15\cdot\tan 11°$.

使用手机计算器计算得 $BC=$ ________ cm.

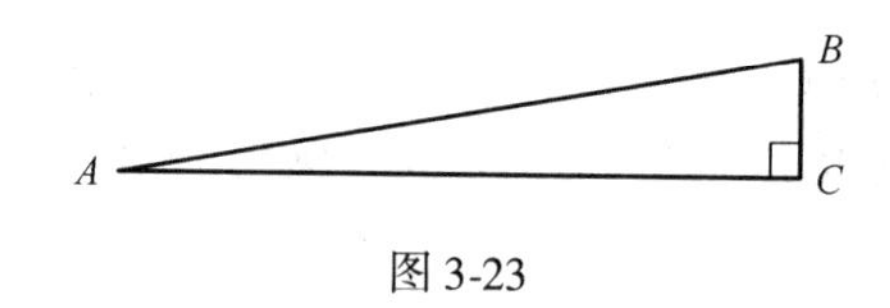

图 3-23

3.5.3　要点总结

1. 锐角三角函数的概念

如图 3-24 所示，在 Rt$\triangle ABC$ 中，$\angle C=90°$，$\angle A$ 的对边记作 a，$\angle B$ 的对边记作 b，$\angle C$ 的对边记作 c. 我们把锐角 A 的对边比斜边的值叫作$\angle A$ 的正弦，记作 $\sin A$，即 $\sin A=\frac{a}{c}$；

锐角 A 的邻边比斜边的值叫作$\angle A$ 的余弦，记作 $\cos A$，即 $\cos A=\frac{b}{c}$；

锐角 A 的对边比邻边的值叫作$\angle A$ 的正切，记作 $\tan A$，即 $\tan A=\frac{a}{b}$.

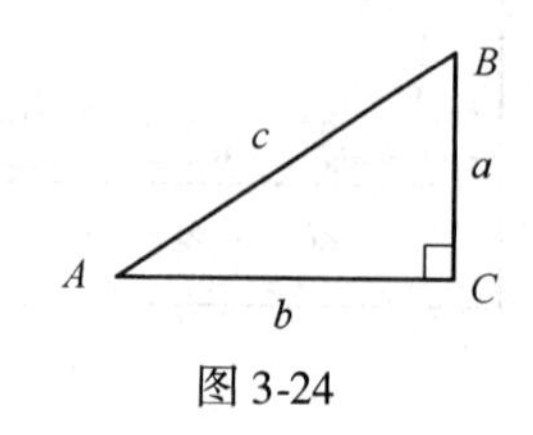

图 3-24

2. 特殊角三角函数值

特殊角三角函数值如表 3-9 所示 .

表 3-9

三角函数	30°	45°	60°
$\sin\alpha$	$\frac{1}{2}$	$\frac{\sqrt{2}}{2}$	$\frac{\sqrt{3}}{2}$
$\cos\alpha$	$\frac{\sqrt{3}}{2}$	$\frac{\sqrt{2}}{2}$	$\frac{1}{2}$
$\tan\alpha$	$\frac{\sqrt{3}}{3}$	1	$\sqrt{3}$

3.5.4　作业巩固

1. 必做题

(1) 三角形在正方形网格中的位置如图 3-25 所示，

角 α 的对边为________，

角 α 的邻边为________，

在直角三角形中，由勾股定理得，

三角形斜边为________________.

根据锐角三角函数的定义得：

$\sin\alpha=$________________；

$\cos\alpha=$________________；

$\tan\alpha=$________________.

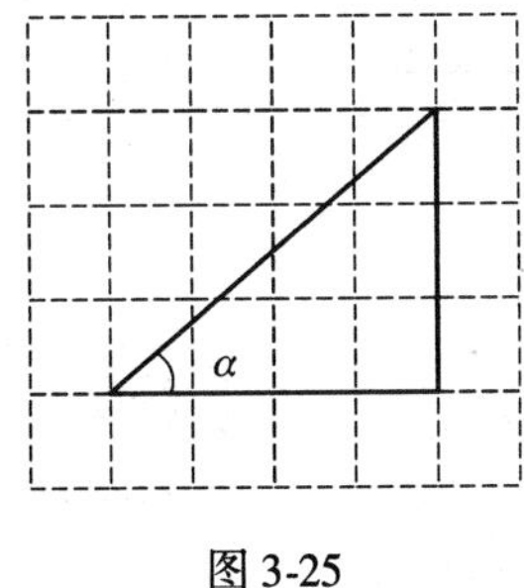

图 3-25

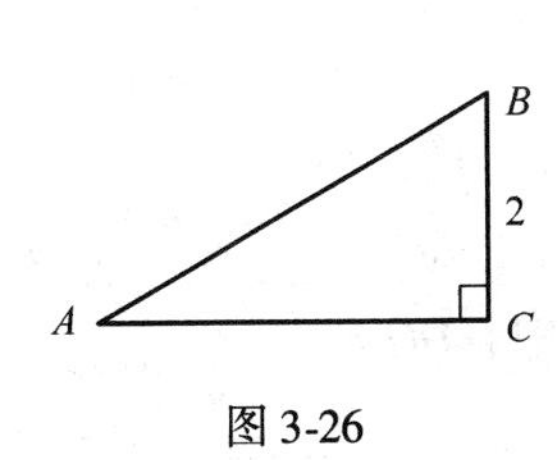

图 3-26

(2) 如图 3-26 所示，在 Rt△ABC 中，$\angle C=90°$，$BC=2$，

$\sin A=\frac{2}{3}$，按照锐角三角函数定义，

$\sin A=\frac{2}{3}=$________，

则斜边的长度为________.

2. 选做题

（1）如图 3-27 所示，

已知：在 Rt$\triangle ABC$，$\angle ACB=90°$，$CD\perp AB$ 于点 D，$AC=8$，$AB=10$.

求：$\sin\angle ACD$.

解：因为在 Rt$\triangle ABC$ 中，$\angle A+\angle B=$______°，

在 Rt$\triangle ACD$ 中，$\angle A+\angle ACD=$______°，

所以∠______ = ∠______.

又因为在 Rt$\triangle ABC$ 中，$AC=8$，$AB=10$.

所以 $\sin\angle ACD=\sin\angle B=$________ = ________.

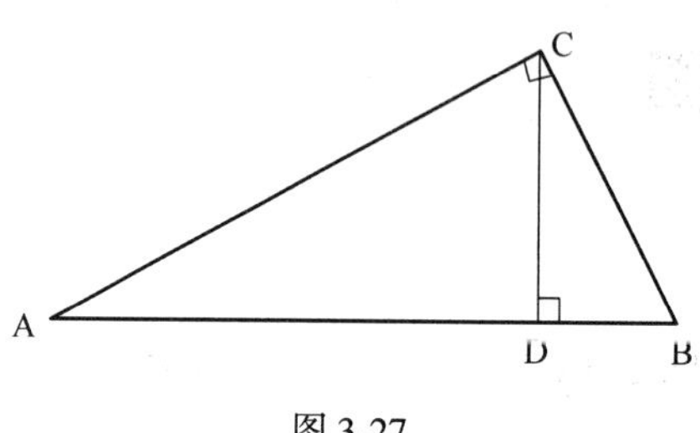

图 3-27

（2）如图 3-28 所示，一根长 5 m 的竹竿 AB，斜靠在一竖直的墙 AO 上，这时 AO 的距离为 4 m.

① 竹竿的顶端 A 沿墙下滑 0.5 m，那么竹竿底端 B 也外移 0.5 m 吗？

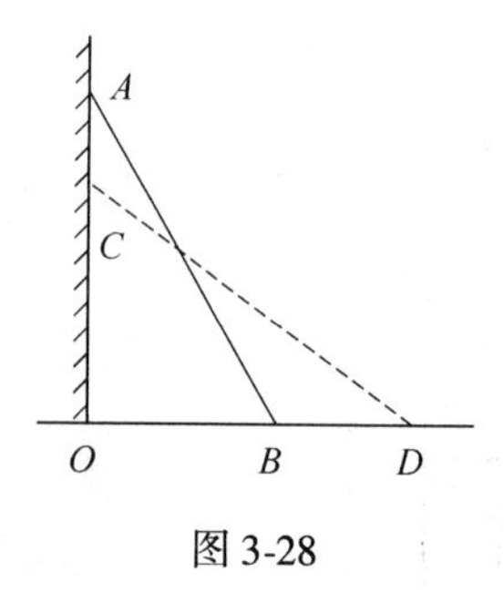

图 3-28

解：根据勾股定理，

在 Rt$\triangle ABO$ 中，$BO=$__________ = ________ = ________（m），

在 Rt$\triangle COD$ 中，$DO=$__________ = ________ = ________（m），

所以 $BD=$________ − ________ = ________（m）.

② 当竹竿的顶端 A 沿墙下滑 1 m，那么竹竿底端 B 又会如何移动？

解：根据勾股定理，

在 Rt$\triangle ABO$ 中，$BO=$____________ = ____________ = ________（m），

在 Rt$\triangle COD$ 中，$DO=$____________ = ____________ = ________（m），

所以 $BD=$________ − ________ = ________（m）.

任务 3.6　锐角三角函数的应用

3.6.1　教学目标

1. 知识目标

(1) 巩固锐角三角函数的知识;

(2) 了解锐角三角函数的相关应用.

2. 能力目标

(1) 培养将已有的知识进行巩固、消化和迁移的能力;

(2) 将数学知识与电工学有机结合，在具体问题中感悟数学的实用性.

3. 素质目标

(1) 培养竞争意识;

(2) 提升与他人共同探究的合作意识.

4. 应知目标

(1) 若 $\cos\alpha=\frac{1}{2}$，则锐角 α 的度数为多少?

（2）求值：$\sin^2 60° + \cos^2 60°$.

3.6.2　核心知识

第一关　通力合作

比赛内容：关于30°、45°和60°的三角函数值的记忆.

比赛方法：学生分成八组，教师出题，每人一题，答对者得10分，答错者不得分.一共四轮，将每组每轮的得分填入表3-10中，按照总分将各组成绩排序，第一名为冠军组.

表3-10

	第一组	第二组	第三组	第四组	第五组	第六组	第七组	第八组
第一轮								
第二轮								
第三轮								
第四轮								
总分								

第二关　大显身手

1. 求值

（1）$\dfrac{\cos 45°}{\sin 45°} - \tan 45°$

（2）$\sin^2 60° + \cos^2 60°$

（3）$\tan 30° - \sin 60° \cdot \sin 30°$

（4）$2\sin 30° - \sqrt{2}\cos 45°$

（5）$\dfrac{3\cos 60°}{5\sin 30° - 1}$

（6）$\cos 60° - \tan 45° + \dfrac{3}{4}\tan^2 30° - \sin 30° + \cos^2 30°$

（7） $\cos 45° + 3\tan 30° + \cos 30° + 2\sin 60° - 2\tan 45°$

2. 求适合下列条件的锐角 α

（1） 因为 $\cos\alpha = \frac{1}{2}$，所以适合条件的锐角 α 为________.

（2） 因为 $\tan\alpha = \frac{\sqrt{3}}{3}$，所以适合条件的锐角 α 为________.

（3） 因为 $\sin 2\alpha = \frac{\sqrt{2}}{2}$，所以适合条件的锐角 2α 为________；锐角 α 为________.

3. 计算

已知 α 是锐角，且 $\sin(\alpha + 15°) = \frac{\sqrt{3}}{2}$

计算：$\sqrt{8} - 4\cos\alpha - (\pi - 3.14)^0 + \tan\alpha + \left(\frac{1}{3}\right)^{-1}$

第三关 实战应用

（1） 如图 3-29 所示，在功率三角形中，已知角 φ 和视在功率 S，如何表示有功功率 P 和无功功率 Q?

分析：在图 3-29 所示的直角三角形中，可借助锐角三角函数，用斜边长 S 和锐角 φ 表示两条直角边的边长.

解：① 因为 $\cos\varphi =$ ________,

所以 $P =$ ________.

② 因为 $\sin\varphi =$ ________,

所以 $Q =$ ________.

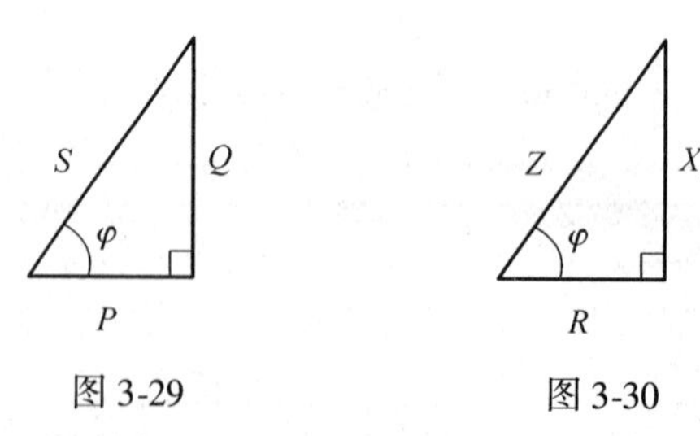

图 3-29　　图 3-30

（2） 如图 3-30 所示，某继电器线圈电阻 $R = 15\ \Omega$，感抗 $X_L = 20\ \Omega$.

求：①Z；　②$\cos\varphi$.

解：①由阻抗三角形得：________^{2} + ________^{2} = ________^{2}

所以 $Z=$ ________________ = ________.

② $\cos\varphi=$ ________ = ________.

3.6.3　要点总结

1. 正弦定义的应用

$\sin A=\dfrac{a}{c}\longrightarrow a=c\cdot\sin A$

2. 余弦定义的应用

$\cos A=\dfrac{b}{c}\longrightarrow b=c\cdot\cos A$

3. 正切定义的应用

$\tan A=\dfrac{a}{b}\longrightarrow a=b\cdot\tan A$

3.6.4　作业巩固

1. 必做题

（1）如图3-31所示，已知在Rt△ABC中，$\angle C=90°$，$BC=1$，$AB=2$，$\angle A=30°$，根据锐角三角函数的定义，得

$\sin 30°=$ ________；

$\cos 30°=$ ________；

$\sin 60°=$ ________；

$\cos 60°=$ ________.

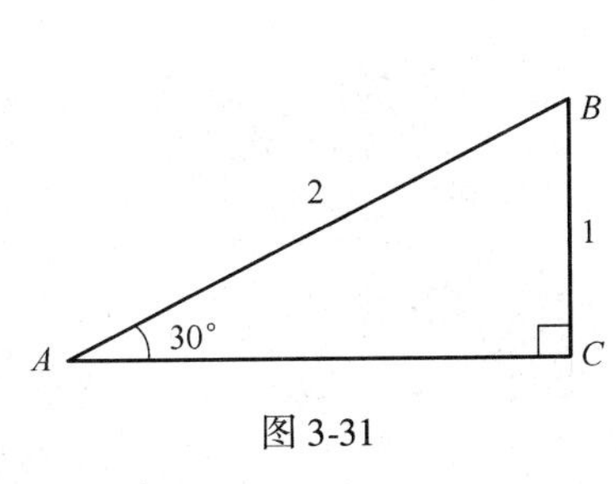

图3-31

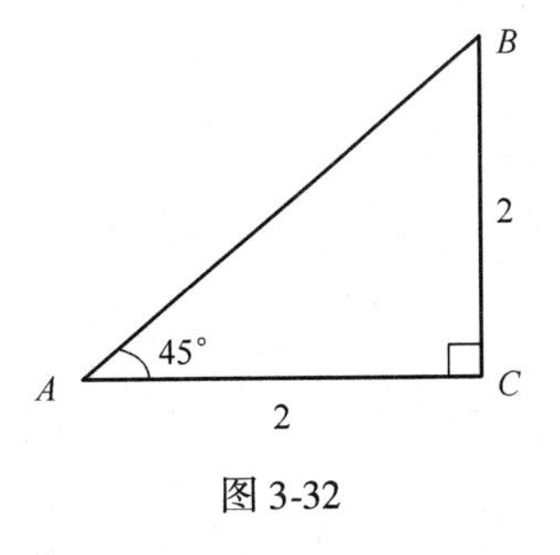

图3-32

（2）如图3-32所示，已知在Rt△ABC中，$\angle C=90°$，$BC=2$，$AC=2$，$\angle A=45°$，根据锐角三角函数的定义，得

$\sin 45°=$ ________；

$\cos 45°=$ ________.

2. 选做题

（1）计算.

$\tan^2 30° + 2\sin 60° - \tan 45° - \tan 60° + \cos^2 30°$

（2）填空.

因为 $6\cos(\alpha - 16°) = 3\sqrt{3}$，所以 $\cos(\alpha - 16°) =$ ________，

适合条件的锐角 $\alpha - 16°$ 为________，

适合条件的锐角 α 为________.

（3）如图 3-33 所示，

在$\triangle ABC$ 中，$\angle C$ 为直角，

$\angle A$，$\angle B$，$\angle C$ 所对的边分别为 a，b，c.

已知：$a = 5$，$\angle B = 60°$.

因为在 Rt$\triangle ABC$ 中，

根据锐角三角函数的正切定义 $\tan B = \dfrac{b}{a}$，

所以 $b =$ ________ $=$ ________.

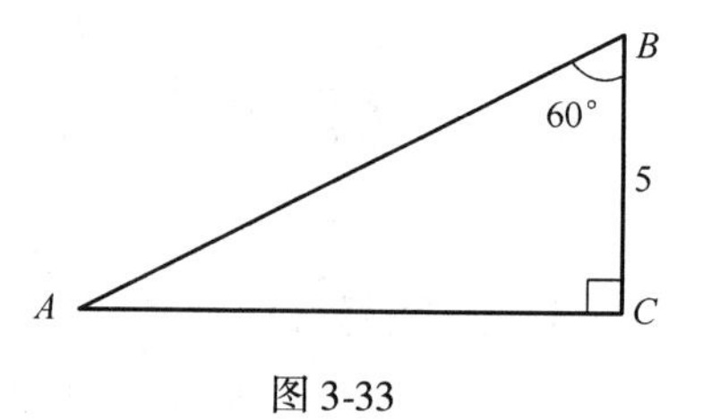

图 3-33

任务3.7　任意角的三角函数

3.7.1　教学目标

1. 知识目标

(1) 掌握正弦、余弦、正切的定义；

(2) 掌握特殊角的三角函数值.

2. 能力目标

(1) 学会运用正弦、余弦、正切的定义求相关角的三角函数值；

(2) 熟记特殊角的三角函数值.

3. 素质目标

(1) 在定义的学习、概念的同化等过程中培养类比、分析及研究问题的能力；

(2) 培养团队合作的精神.

4. 应知目标

(1) 试写出角 α 的正弦、余弦、正切值.

（2）已知角 α 的终边上的一点 P（-3，4），求 $\sin\alpha$，$\cos\alpha$，$\tan\alpha$.

3.7.2 核心知识

第一关 闯关热身

思考并讨论：我们把角的范围从 0°~360°推广到任意角，那么，锐角三角函数的定义还能适用吗？比如，如何求 sin 200°的值？

第二关 引出概念

1. 初识定义

观察图 3-34，填写表 3-11 中的空格.

表 3-11

图 3-34	α 的对边	α 的邻边	斜边	$\sin\alpha$	$\cos\alpha$	$\tan\alpha$
$\triangle OPM$						

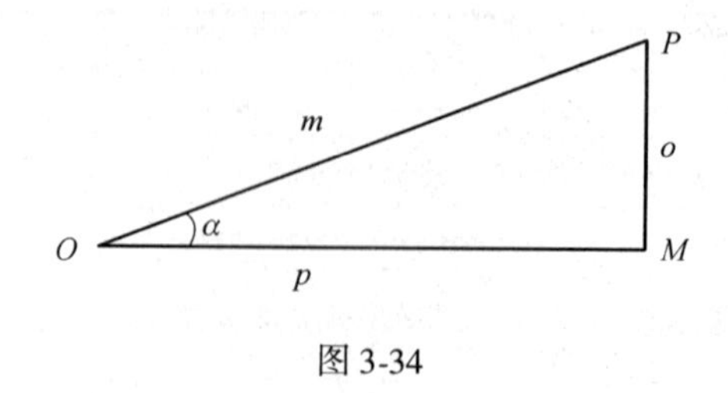

图 3-34

观察图 3-35，将直角三角形 OMP 放在直角坐标系中，使得点 O 与坐标原点重合，OM 边放在 x 轴的正半轴上，填写表 3-12 中的空格 .

表 3-12

图 3-35	P 点的纵坐标	P 点的横坐标	OP 的长度 r	$\sin\alpha$ 用坐标表示	$\cos\alpha$ 用坐标表示	$\tan\alpha$ 用坐标表示
$\triangle OPM$						

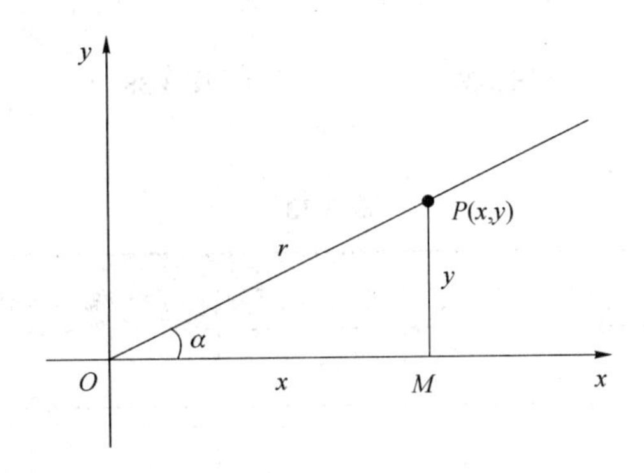

图 3-35

对比表 3-11 和表 3-12 后，得出结论：____

____.

2. 任意角三角函数的定义

设 α 是任意大小的角，点 P（x，y）为角 α 的终边上任意一点（不与原点重合），点 P 到原点的距离为 $r=$________，$r>0$. 那么角 α 的正弦、余弦、正切分别定义为：

正弦函数：$\sin\alpha=$________；

余弦函数：$\cos\alpha=$________；

正切函数：$\tan\alpha=$________.

第三关　闯关实战

（1）角 α 的终边上一点 P（-4，3），求 $\sin\alpha$，$\cos\alpha$，$\tan\alpha$.

解：因为 $x=-4$，$y=3$，所以 $r=$________，

由任意角三角函数的定义得

$\sin\alpha=$________ $=$________；

$\cos\alpha=$________ $=$________；

$\tan\alpha=$________ $=$________.

（2）求下列各角的三角函数值.

①0°　　②90°　　③180°　　④270°　　⑤360°

观察图 3-36、图 3-37、图 3-38、图 3-39，填写表 3-13 中的空格，完成本题的求解 .

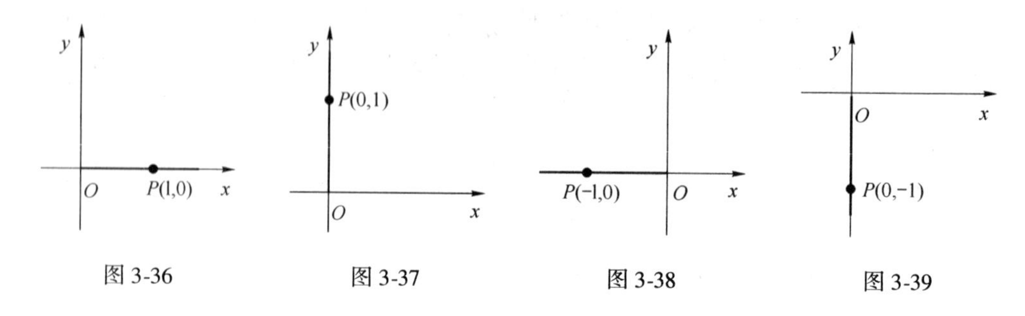

图 3-36　　图 3-37　　图 3-38　　图 3-39

表 3-13

	x	y	r	$\sin\alpha$	$\cos\alpha$	$\tan\alpha$
0°						
90°						
180°						
270°						
360°						

（3）已知角 α 终边上点的坐标如下：

①P（3，4）；②P（−1，2）；③$P\left(\frac{1}{2}，-\frac{\sqrt{3}}{2}\right)$.

填写表 3-14 中的空格 .

表 3-14

	x	y	r	$\sin\alpha$	$\cos\alpha$	$\tan\alpha$
P（3，4）						
P（−1，2）						
$P\left(\frac{1}{2}，-\frac{\sqrt{3}}{2}\right)$						

3.7.3 要点总结

1. 任意角三角函数的定义

设 α 是任意角，点 P（x，y）为角 α 的终边上任意一点（不与原点重合），点 P 到原点的距离为 $r=\sqrt{x^2+y^2}>0$. 则

比值 $\frac{y}{r}$ 叫作角 α 的正弦，记作 $\sin\alpha$，即 $\sin\alpha=\frac{y}{r}$

比值 $\frac{x}{r}$ 叫作角 α 的余弦，记作 $\cos\alpha$，即 $\cos\alpha=\frac{x}{r}$

比值 $\frac{y}{x}$ 叫作角 α 的正切，记作 $\tan\alpha$，即 $\tan\alpha=\frac{y}{x}$.

2. 特殊角的三角函数值

特殊角的三角函数值如表 3-15 所示 .

表 3-15

	0°	90°	180°	270°	360°
$\sin\alpha$	0	1	0	-1	0
$\cos\alpha$	1	0	-1	0	1
$\tan\alpha$	0	无	0	无	0

3.7.4 作业巩固

1. 必做题

（1）填表 .

填写表 3-16 中特殊角的三角函数的函数值 .

表 3-16

α	角度制	0°	30°	45°	60°	90°	180°	270°	360°
	弧度制								
$\sin\alpha$									
$\cos\alpha$									
$\tan\alpha$									

（2）计算.

$5\sin 90° - 2\cos 0° + \sqrt{3}\tan 180° + \cos 180°$

2. 选做题

若 $\sin\alpha = \frac{1}{3}$，且 α 的终边过点 $N(-1, y)$，则角 α 为第________象限角，点 N 的纵坐标 $y =$ ________，$\cos\alpha =$ ________，$\tan\alpha =$ ________.

$\left(\text{提示：} r = \sqrt{(-1)^2 + y^2}，\sin\alpha = \frac{y}{\sqrt{(-1)^2 + y^2}} = \frac{1}{3}\right)$

任务 3.8　三角函数值的符号

3.8.1　教学目标

1. 知识目标

(1) 掌握特殊角的三角函数值;

(2) 判断三角函数值在各象限的符号.

2. 能力目标

(1) 通过课堂积极主动的练习活动进行思维训练，培养数形结合的能力;

(2) 根据定义及数形结合方法判断和记忆三角函数值的正负符号.

3. 素质目标

(1) 通过积极地参与知识的“发现”与“形成”的过程，培养合理猜测的能力，感受数学概念的严谨性;

(2) 培养积极主动、勇于探索的精神.

4. 应知目标

(1) 若 α 为第一象限角，则 $\sin\alpha$ ________ 0; $\cos\alpha$ ________ 0; $\tan\alpha$ ________ 0 (用“<”“>”填空).

（2）$\sin 380°$________0（用“$>$”“$<$”填空）.

3.8.2 核心知识

第一关 闯关热身

1. 填空

设 α 为任意角，P（x，y）是 α 终边上不与原点重合的任意一点，则点 P 与原点的距离 $r=$________；

$\sin\alpha=$________；

$\cos\alpha=$________；

$\tan\alpha=$________.

2. 团队比赛

比赛内容：关于0°、30°、45°、60°、90°、180°、270°和360°角三角函数值的记忆.

比赛方法：学生分成八组，教师出题，每人一题，答对者得 10 分，答错者不得分 . 一共四轮，将每组每轮的得分填入表 3-17 中，按照总分将各组成绩排序，第一名为冠军组 .

表 3-17

	第一组	第二组	第三组	第四组	第五组	第六组	第七组	第八组
第一轮								
第二轮								
第三轮								
第四轮								
总分								

3. 计算

（1）$5\sin 90° - 2\cos 0° + \sqrt{3}\tan 180° + \cos 180°$

（2）$\cos\frac{\pi}{2} - \tan\frac{\pi}{4} + \frac{1}{3}\tan^2\frac{\pi}{3} - \sin\frac{3\pi}{2} + \cos\pi$

第二关　总结规律

由任意角的三角函数定义我们知道：角 α 的终边上点的坐标的符号决定了角 α 的三角函数值的符号．请同学们参考图 3-40 ~ 图 3-43，根据任意角三角函数的定义，填写表 3-18 中的空格，然后总结出各三角函数值在各个象限的符号规律．

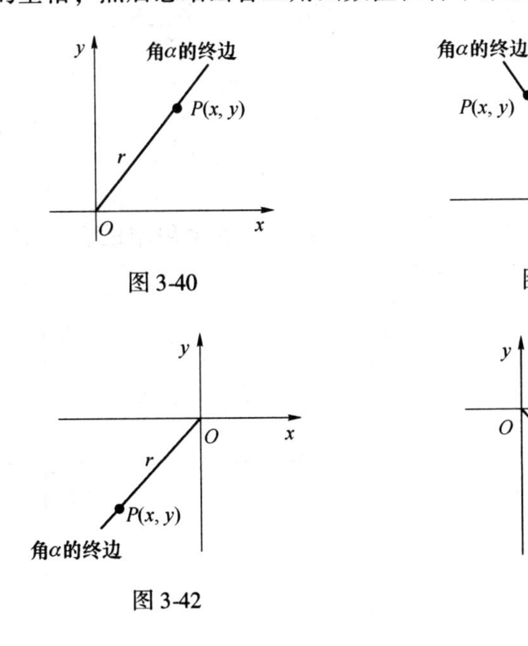

表 3-18

角 α 属于的象限	点 P 的坐标		$\sin\alpha=\frac{y}{r}$ $r>0$	$\cos\alpha=\frac{x}{r}$ $r>0$	$\tan\alpha=\frac{y}{x}$
	x	y			
第一象限					
第二象限					
第三象限					
第四象限					

第三关　闯关练习

1. 用“>”“<”填空

若 α 为第一象限角，则 $\sin\alpha$ ________0；$\cos\alpha$ ________0；$\tan\alpha$ ________0；
若 α 为第二象限角，则 $\sin\alpha$ ________0；$\cos\alpha$ ________0；$\tan\alpha$ ________0；
若 α 为第三象限角，则 $\sin\alpha$ ________0；$\cos\alpha$ ________0；$\tan\alpha$ ________0；
若 α 为第四象限角，则 $\sin\alpha$ ________0；$\cos\alpha$ ________0；$\tan\alpha$ ________0.

2. 用“>”“<”号填空

（1）$\sin\frac{\pi}{4}$________0；（2）$\cos 150°$________0；（3）$\sin 495°$________0.

解：（1）因为$\frac{\pi}{4}$是第________象限角，所以 $\sin\frac{\pi}{4}$________0；

（2）因为 $150°$是第________象限角，所以 $\cos 150°$________0；

（3）因为 $495°=360°+135°$，所以 $495°$是第________象限角，$\sin 495°$________0.

3.8.3　要点总结

$\sin\alpha$ 在各个象限的符号如图 3-44 所示，$\cos\alpha$ 在各个象限的符号如图 3-45 所示，$\tan\alpha$ 在各个象限的符号如图 3-46 所示.

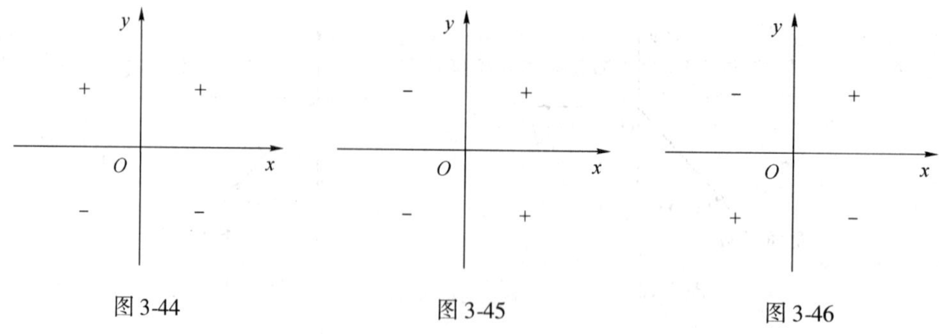

图 3-44　图 3-45　图 3-46

3.8.4　作业巩固

1. 必做题

（1）用“>”“<”填空.

$\cos 130°$________0；　$\cos\frac{7\pi}{6}$________0；　$\cos\frac{\pi}{4}$________0；

$\cos\left(-\frac{\pi}{3}\right)$________0；　$\tan\frac{2\pi}{3}$________0；　$\tan\frac{7\pi}{6}$________0；

$\tan\frac{\pi}{4}$________0；　$\tan\left(-\frac{\pi}{3}\right)$________0.

（2）根据条件 $\sin\alpha>0$，且 $\tan\alpha<0$，确定 α 为第________象限角.

（3）若 $\sin\alpha\times\cos\alpha>0$，则 α 属于第________象限角.

2. 选做题

已知 $\tan\alpha+\sin\alpha=m$，$\tan\alpha-\sin\alpha=n$，$m+n\neq0$，求 $\cos\alpha$ 的值.

任务 3.9　正弦函数的图像与性质

3.9.1　教学目标

1. 知识目标

（1）掌握用“五点作图法”作正弦函数的简图；

（2）理解正弦函数的定义域、最值、周期的意义．

2. 能力目标

（1）培养观察能力、分析能力、归纳能力和表达能力；

（2）培养数形结合和化归转化的数学思想方法．

3. 素质目标

（1）培养学生勇于探索、勤于思考的科学素养；

（2）创设和谐融洽的学习氛围，形成良好的数学思维品质．

4. 应知目标

（1）试写出“五点作图法”作正弦函数图像的五个关键点．

（2）试写出正弦函数的三个基本性质 .

3.9.2　核心知识

第一关　闯关热身

电工学中经常用到正弦交流电，正弦交流电可以由交流发电机提供 . 如图 3-47 所示，交流发电机的线圈在与磁感线垂直方向以一定的速度逆时针转动时，由于导线切割磁感线，线圈将产生感应电动势，感应电动势的图像就是我们数学中的正弦函数图像（见图 3-48）.

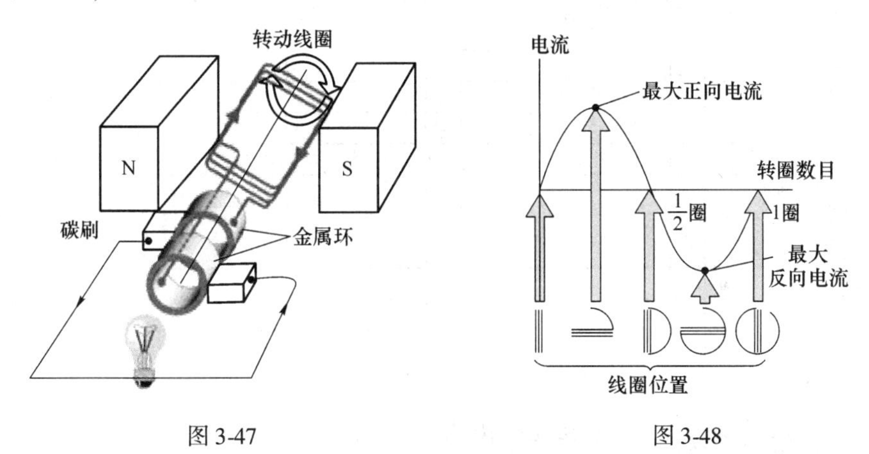

图 3-47　　图 3-48

如图 3-49 所示，装满细沙的漏斗在做单摆运动时，沙子落在与单摆运动方向垂直的匀速运动的木板上的轨迹是一条曲线，物理中通常称这条曲线为“正弦曲线”.

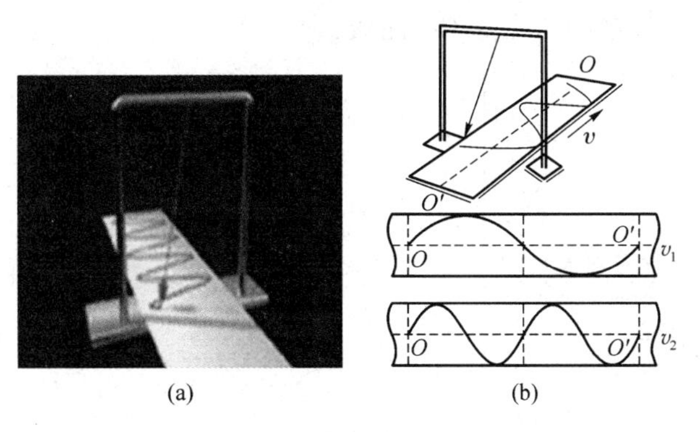

图 3-49

正弦曲线是正弦函数的图像吗?

下面，让我们尝试自己作出正弦函数的图像吧!

第二关　初绘正弦函数图像

1. 作出正弦函数 $y=\sin x$ 在一个周期内的图像

（1）列表：用手机中的计算器功能计算表 3-19 中各角的正弦函数值（精确到 0.01）.

表 3-19

x	0	$\frac{\pi}{6}$	$\frac{\pi}{3}$	$\frac{\pi}{2}$	$\frac{2\pi}{3}$	$\frac{5\pi}{6}$	π	$\frac{7\pi}{6}$	$\frac{4\pi}{3}$	$\frac{3\pi}{2}$	$\frac{5\pi}{3}$	$\frac{11\pi}{6}$	2π
y													

（2）描点：以表 3-19 中的 x，y 值为坐标，在图 3-50 中的坐标系上描点.

（3）连线：将所描各点顺次用光滑曲线连接起来，即完成所画图像.

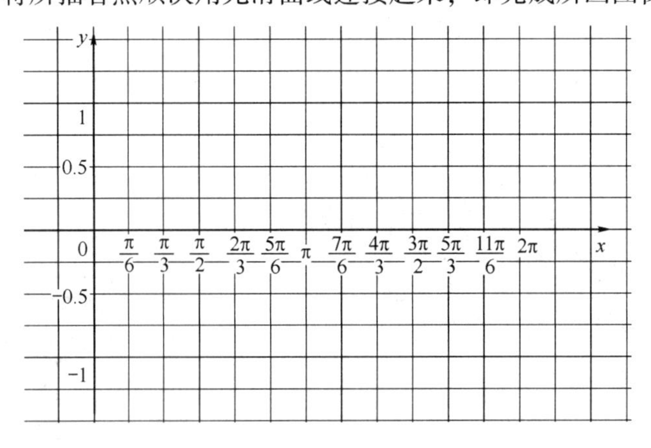

图 3-50

2. 作正弦函数 $y=\sin x$ 在 $x\in\mathbf{R}$ 上的图像

因为终边相同角的三角函数值相同，所以 $y=\sin x$，$x\in\mathbf{R}$ 的图像在区间…，$[-4\pi, -2\pi]$，$[-2\pi, 0]$，$[0, 2\pi]$，$[2\pi, 4\pi]$，…的图像相同，于是在图 3-51 上向左、向右平移一个周期的图像得正弦曲线.

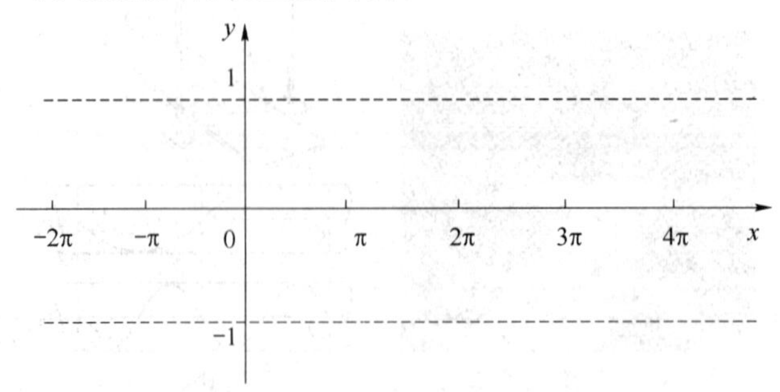

图 3-51

第三关　看图说话，总结性质

观察图 3-51，归纳总结出正弦函数的性质：

（1）定义域：________；

（2）最大值：________，最小值：________；

（3）周期 $T=$________.

第四关　再探正弦函数图像

1. 用“五点作图法”作正弦函数 $y=\sin x$，$x\in[0,\ 2\pi]$ 的图像

观察图 3-52，总结出正弦函数图像上起关键作用的五个点

最高点：________，最低点：________，

与 x 轴的交点________，________，________.

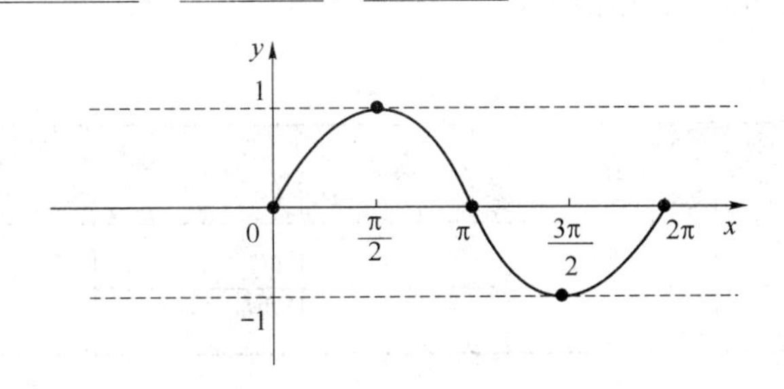

图 3-52

2. “五点作图法”作图步骤

（1）列表：按五个关键点列出基本表格；

（2）描点：在平面直角坐标系内描出五个关键点；

（3）连线：用光滑曲线将五个关键点顺次连接.

这样，我们就得到了正弦函数在一个周期内的简图.

3. 闯关练习

（1）用“五点作图法”作 $y=\sin x$ 在 $[0,\ 2\pi]$ 上的简图.

解：求出表 3-20 中各空格的值.

表 3-20

x	0	$\frac{\pi}{2}$	π	$\frac{3\pi}{2}$	2π
$y=\sin x$					

描点、连线：在图 3-53 中，描出表 3-20 中的五个关键点并用光滑曲线将它们顺次连接.

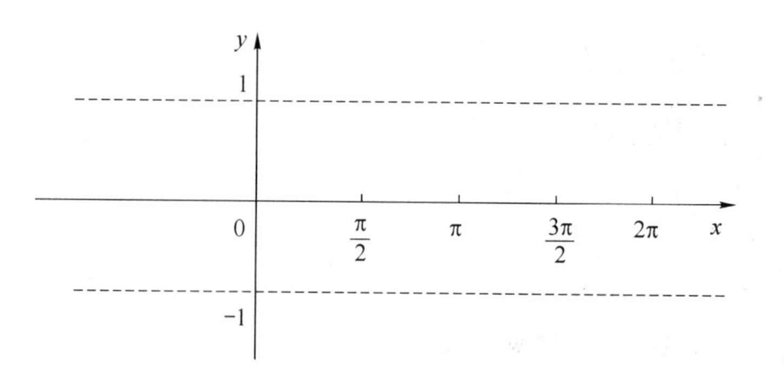

图 3-53

总结作图步骤：①________；②________；③________.

（2）在同一直角坐标系内，用“五点作图法”作出函数 $y=\sin x$ 与 $y=\sin x+1$，$x\in[0,2\pi]$ 上的函数图像.

解：求出表 3-21 中各空格的值.

表 3-21

x	0	$\frac{\pi}{2}$	π	$\frac{3\pi}{2}$	2π
$y=\sin x$					
$y=\sin x+1$					

描点、连线：在图 3－54 中分别作出 $y=\sin x$ 与 $y=\sin x+1$ 的简图.

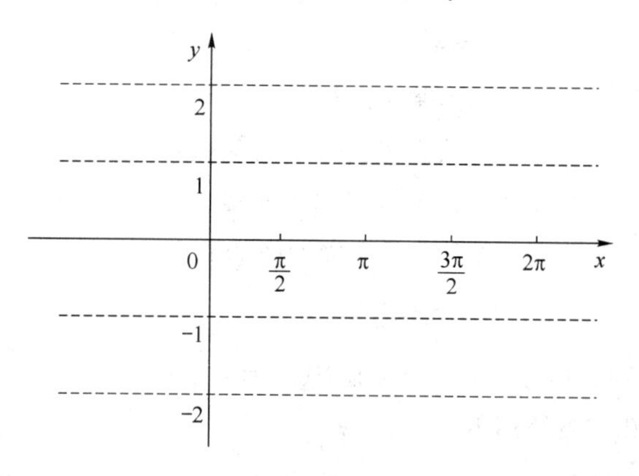

图 3-54

观察图 3-54，总结归纳：

函数 $y=\sin x+1$ 的图像可由 $y=\sin x$ 的图像____________平移________个单位得到.

3.9.3　要点总结

（1）正弦函数 $y=\sin x$ 在 $[0,2\pi]$ 上的5个关键点是：

$(0,0)$，$\left(\frac{\pi}{2},1\right)$，$(\pi,0)$，$\left(\frac{3\pi}{2},-1\right)$，$(2\pi,0)$.

（2）作正弦函数图像的步骤：列表、描点、连线 .

（3）正弦函数的性质。

①定义域：x 取全体实数；

②值域：$-1\leqslant y\leqslant 1$；

③周期：$T=2\pi$.

3.9.4　作业巩固

1. 必做题

（1）在同一直角坐标系内，用“五点作图法”作函数 $y=\sin x$，$y=-\sin x$ 与 $y=2\sin x$ 在 $[0,2\pi]$ 上的简图 .

要求：首先列表，然后用铅笔和直尺完成作图 .

（2）观察上面必做题（1）所得的图像，说明函数 $y=-\sin x$ 的图像与 $y=\sin x$ 的图像之间的联系.

2. 选做题

求函数 $y=2-\left(\frac{1}{2}-\sin x\right)^2$ 的最小值是多少？

任务3.10　正弦型函数的概念

3.10.1　教学目标

1. 知识目标

（1）掌握正弦型函数的概念及函数 $y=\sin x$ 与 $y=A\sin(\omega x+\varphi)$ 的关系；

（2）会作正弦型函数 $y=A\sin x$ 的简图，并了解 A 的作用.

2. 能力目标

（1）自己动手作图像，通过这一过程，进一步培养由简单到复杂、由特殊到一般的化归思想和图像变换能力；

（2）培养数形结合的能力.

3. 素质目标

（1）通过学习过程培养探索与协作的精神；

（2）提高独立思考的能力，增强合作学习的意识.

4. 应知目标

（1）试写出正弦型函数的基本关系式.

（2）正弦型函数 $y=A\sin(\omega x+\varphi)$ 中 A 的作用．

3.10.2 核心知识

第一关 闯关热身

（1）写出正弦函数 $y=\sin x$ 的

定义域________________；

值域__________________；

周期 $T=$ ______________．

（2）将作正弦函数 $y=\sin x$，$x\in[0,\ 2\pi]$ 的图像的五个关键点列入表3-22中．

表 3-22

x					
$y=\sin x$					

（3）在图3-55中作出正弦函数 $y=\sin x$ 在一个周期内的简图．

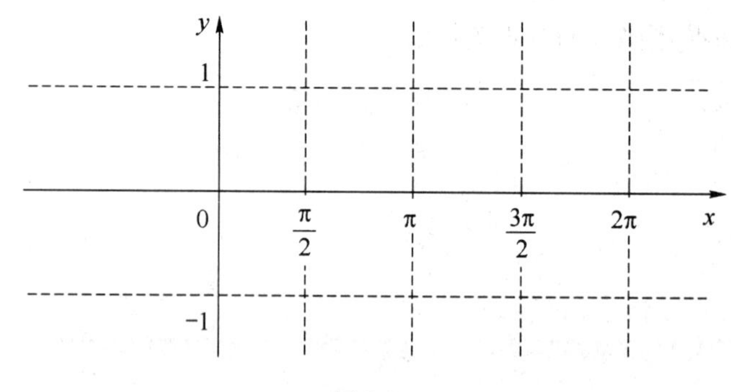

图 3-55

（4）正弦交流电是中职学校专业基础课——电工学的重要内容．

在电工学中，电流强度的大小和方向都随时间变化的电流叫作交变电流，简称交流电．其中最简单的是简谐交流电，其电流的大小和方向都随时间而变化，满足 $i=I\sin(\omega t+\varphi)$ 的函数关系．在数学中，正弦型函数的表达式为 $y=A\sin(\omega x+\varphi)$．希望同学们通过对正弦型函数的深入学习，更好地理解正弦交流电，为电工学和其他专业课的学习打好基础！

第二关 探究正弦型函数

1. 正弦型函数定义

形如 $y=A\sin(\omega x+\varphi)$ 的函数称为正弦型函数.

其中：A，ω，φ 均为常数，且 $A>0$，$\omega>0$，x 为实数.

2. 比较 $y=A\sin(\omega x+\varphi)$ 与 $y=\sin x$ 的关系

比较正弦型函数 $y=A\sin(\omega x+\varphi)$ 与正弦函数 $y=\sin x$，得出：正弦函数 $y=\sin x$ 就是正弦型函数 $y=A\sin(\omega x+\varphi)$ 在 $A=$________；$\omega=$________；$\varphi=$________时的特殊情况.

3. 探究讨论

函数解析式 $y=3\sin\left(2x+\frac{\pi}{3}\right)$ 中的三个参数分别为 $A=$________，$\omega=$________，$\varphi=$________.

这三个参数对于正弦型函数的图像又有哪些影响呢？

第三关 参数 A 对 $y=\sin x$ 图像的影响

（1）在同一坐标系内，用“五点作图法”作出 $y=\sin x$，$y=2\sin x$，$y=\frac{1}{2}\sin x$，$x\in[0,2\pi]$ 的简图.

解：求出表3-23中各空格的值.

表3-23

x	0	$\frac{\pi}{2}$	π	$\frac{3\pi}{2}$	2π
$y=\sin x$（红色）					
$y=2\sin x$（绿色）					
$y=\frac{1}{2}\sin x$（蓝色）					

描点、连线：用红色、绿色和蓝色三种彩色水笔，在图3-56中的直角坐标系内，分别作出三个函数在一个周期内的简图.

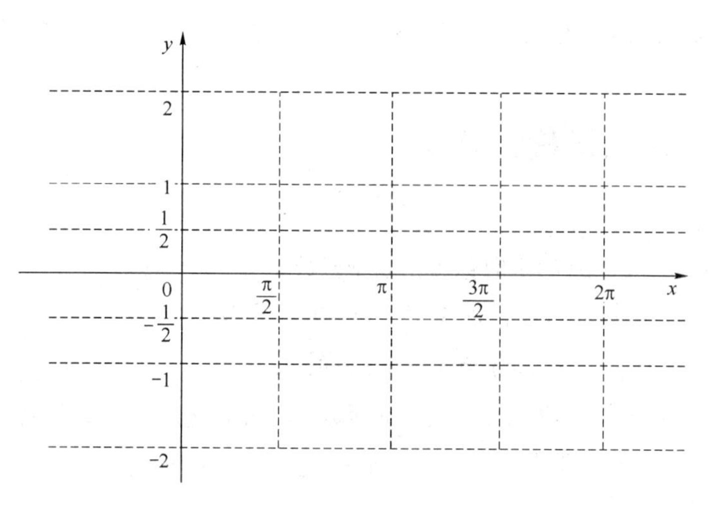

图 3-56

（2）比较函数 $y=\sin x$，$y=2\sin x$，$y=\frac{1}{2}\sin x$，$x\in[0,\ 2\pi]$的图像（见图 3-57），填写表 3-24 中的空格并进行总结.

表 3-24

正弦型函数	$y=\sin x$	$y=2\sin x$	$y=\frac{1}{2}\sin x$	$y=A\sin x$
最大值				
最小值				

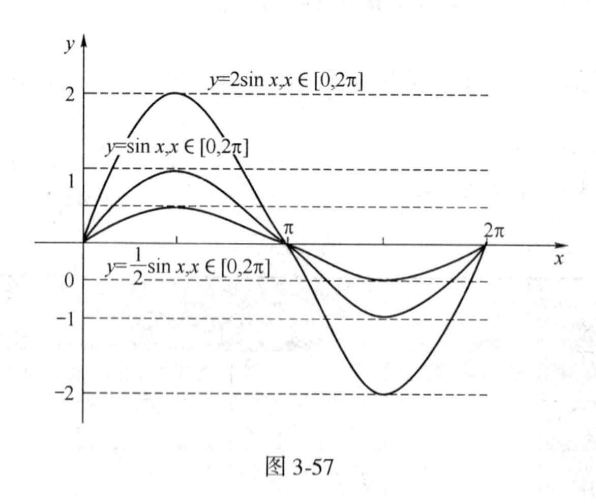

图 3-57

（3）总结.

A 的作用：

A 使正弦型函数的____________________发生变化；

A 决定函数的________，最大值为________，最小值为________；

A 称为简谐振动的振幅.

（4）练习.

分别用红色、绿色和蓝色三种彩色水笔，在同一直角坐标系内，用“五点作图法”作出 $y=\sin x$，$x\in[0,\ 2\pi]$；$y=3\sin x$，$x\in[0,\ 2\pi]$；$y=\frac{1}{3}\sin x$，$x\in[0,\ 2\pi]$ 的简图，并分别求出最值.

解：求出表3-25中各空格的值.

表3-25

x	0	$\frac{\pi}{2}$	π	$\frac{3\pi}{2}$	2π
$y=\sin x$（红色）					
$y=3\sin x$（绿色）					
$y=\frac{1}{3}\sin x$（蓝色）					

描点、连线：用红色、绿色和蓝色三种彩色水笔，在图3-58中的直角坐标系内，作出三个函数在一个周期内的简图.

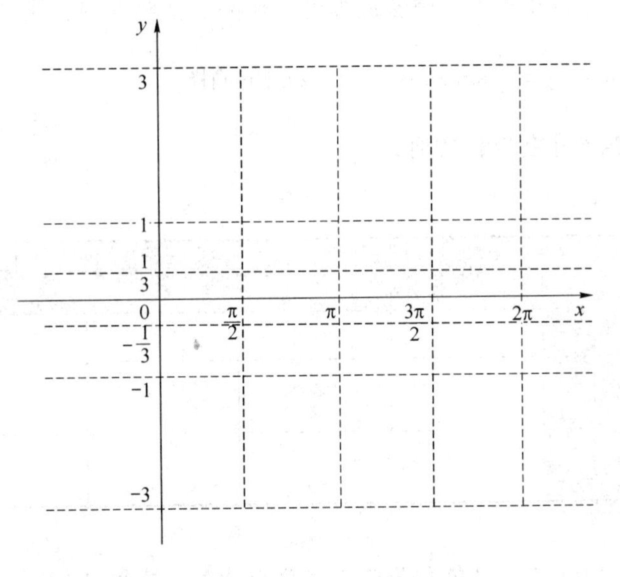

图3-58

3.10.3 要点总结

1. 正弦型函数定义

形如 $y=A\sin(\omega x+\varphi)$ 的函数称为正弦型函数.

其中：A，ω，φ 均为常数，且 $A>0$，$\omega>0$，x 为实数.

2. “五点作图法”作正弦型函数图像的步骤

“五点作图法”作正弦型函数图像的步骤：列表、描点、连线.

3. 系数 A

A 称作振幅.

A 的作用：使正弦型函数图像的最高点和最低点发生变化.

A 决定正弦型函数的最值，最大值为 A，最小值为 $-A$.

3.10.4 作业巩固

1. 必做题

分别用红色、绿色和蓝色三种彩色水笔，在同一坐标系内，用“五点作图法”作 $y=\sin x$，$y=\frac{2}{3}\sin x$，$y=\frac{4}{3}\sin x$，$x\in[0,2\pi]$ 的简图.

解：求出表 3-26 中各空格的值.

表 3-26

x	0	$\frac{\pi}{2}$	π	$\frac{3\pi}{2}$	2π
$y=\sin x$（红色）					
$y=\frac{2}{3}\sin x$（绿色）					
$y=\frac{4}{3}\sin x$（蓝色）					

描点、连线：用红色、绿色和蓝色三种彩色水笔，在图 3-59 中的直角坐标系内，分别作出三个函数在一个周期内的简图.

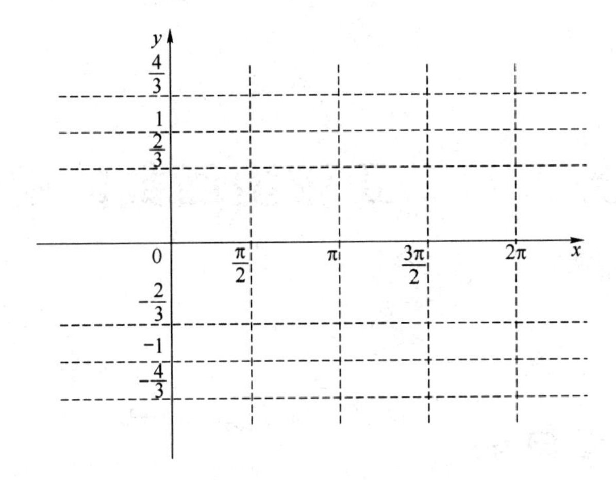

图 3-59

2. 选做题

用“五点作图法”作 $y=\frac{1}{3}\sin x-2$，$x\in[0, 2\pi]$ 在一周期内的简图.

任务 3.11　正弦型函数的图像

3.11.1　教学目标

1. 知识目标

（1）会作正弦型函数 $y=\sin \omega x$ 的简图，并掌握 ω 的作用；

（2）会作正弦型函数 $y=\sin(x+\varphi)$ 的简图，并掌握 φ 的作用.

2. 能力目标

（1）自己动手作图像，通过作图过程进一步培养由简单到复杂、由特殊到一般的化归思想和图像变换的能力；

（2）培养数形结合的能力.

3. 素质目标

（1）通过学习过程培养探索与协作的精神；

（2）逐步掌握科学的学习方法，提高自我学习、研究性学习的能力.

4. 应知目标

（1）正弦型函数 $y=A\sin(\omega x+\varphi)$ 中 φ 的作用.

（2）求正弦型函数 $y=A\sin(\omega x+\varphi)$ 的周期．

3.11.2　核心知识

第一关　闯关热身

（1）分别用红色、绿色和蓝色三种彩色水笔，在同一直角坐标系内，用“五点作图法”作出 $y=\sin x$，$y=2\sin x$，$y=\frac{1}{2}\sin x$，$x\in[0,\ 2\pi]$ 的简图．

解：求出表3-27中各空格的值．

表3-27

x	0	$\frac{\pi}{2}$	π	$\frac{3\pi}{2}$	2π
$y=\sin x$（红色）					
$y=2\sin x$（绿色）					
$y=\frac{1}{2}\sin x$（蓝色）					

描点、连线：用红色、绿色和蓝色三种彩色水笔，在图3-60中的直角坐标系内，分别作出三个函数在一个周期内的简图．

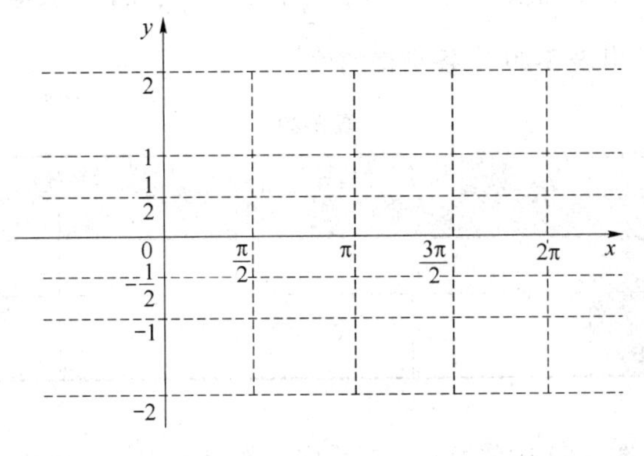

图3-60

（2）写出 $y=A\sin x$ 中 A 的作用：使正弦函数的________发生变化．

第二关　系数 ω 对函数 $y=\sin \omega x$ 图像的影响

1．作图并总结规律

（1）用“五点作图法”作函数 $y=\sin 2x$ 在一个周期内的简图．

解：令 $2x=u$，使 u 的值分别等于 0，$\frac{\pi}{2}$，π，$\frac{3\pi}{2}$，2π，求得 x.

列表、求值：求出表 3-28 中各空格的值．

表 3-28

$u=2x$	0	$\frac{\pi}{2}$	π	$\frac{3\pi}{2}$	2π
$x=\frac{u}{2}$					
$y=\sin 2x=\sin u$					

描点、连线：在图 3-61 中的直角坐标系内，作出 $y=\sin 2x$ 在一个周期内的简图．

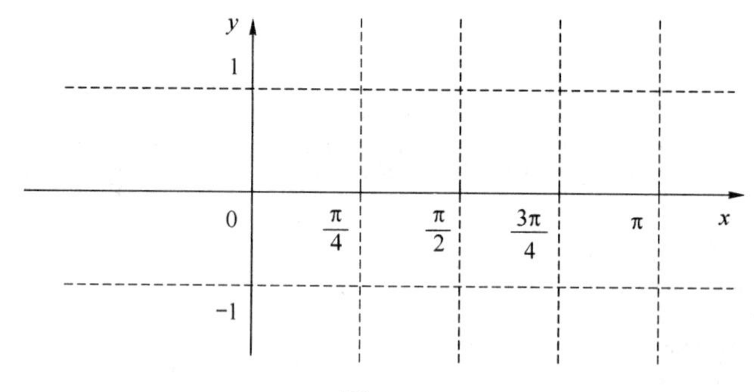

图 3-61

（2）用“五点作图法”作函数 $y=\sin \frac{1}{2}x$ 在一个周期内的简图．

解：令 $\frac{1}{2}x=u$，使 u 的值分别等于 0，$\frac{\pi}{2}$，π，$\frac{3\pi}{2}$，2π，求得 x.

列表、求值：求出表 3-29 中各空格的值．

表 3-29

$u=\frac{1}{2}x$	0	$\frac{\pi}{2}$	π	$\frac{3}{2}\pi$	2π
$x=2u$					
$y=\sin \frac{1}{2}x=\sin u$					

描点、连线：在图 3-62 中的直角坐标系内，作出 $y=\sin \frac{1}{2}x$ 在一个周期内的简图．

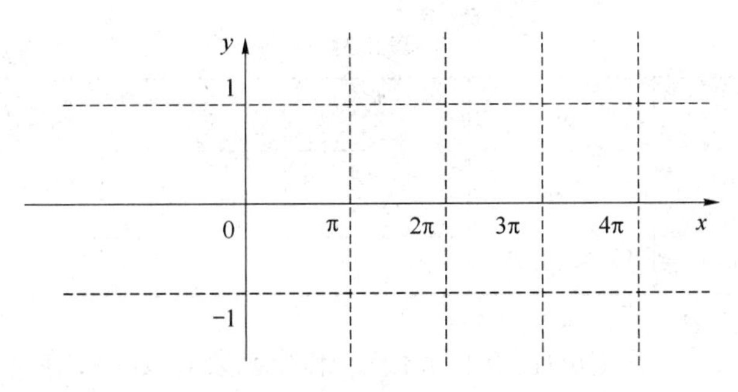

图 3-62

观察比较函数 $y=\sin x$，$y=\sin 2x$，$y=\sin\frac{1}{2}x$ 在一个周期内的简图（见图 3-63），然后分析、讨论，填写表 3-30 中的空格并总结规律.

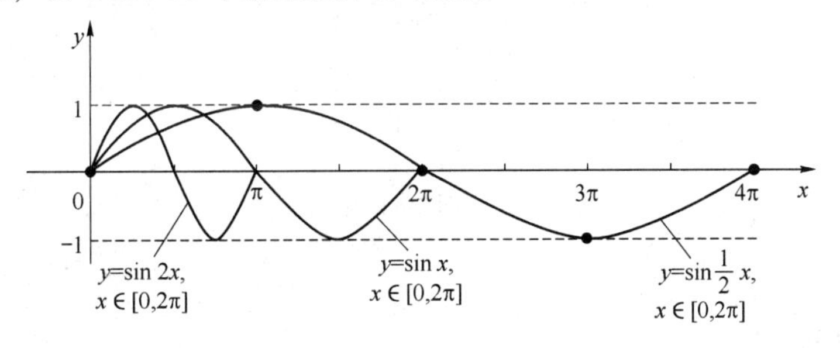

图 3-63

（1）填表.

表 3-30

正弦型函数	$y=\sin x$	$y=\sin 2x$	$y=\sin\frac{1}{2}x$	$y=\sin \omega x$
周期 T				

（2）总结.

ω 的作用：

ω 使正弦型函数的__________________发生变化；

ω 决定了函数的__________；

系数 ω 与周期 T 的关系为 $T=$__________；

ω 称作角频率.

2. 练习

用“五点作图法”作函数（1）$y=\sin 3x$；（2）$y=\sin\frac{1}{3}x$ 在一个周期内的简图，并分别指出各自的周期.

（1）$y=\sin 3x$.

解：令 $3x=u$，使 u 的值分别等于 0，$\frac{\pi}{2}$，π，$\frac{3\pi}{2}$，2π，求得 x.

列表、求值：求出表 3-31 中各空格的值.

表 3-31

$u=3x$	0	$\frac{\pi}{2}$	π	$\frac{3}{2}\pi$	2π
$x=\frac{u}{3}$					
$y=\sin 3x=\sin u$					

描点、连线：在图 3-64 中的直角坐标系内，作出函数 $y=\sin 3x$ 在一个周期内的简图.

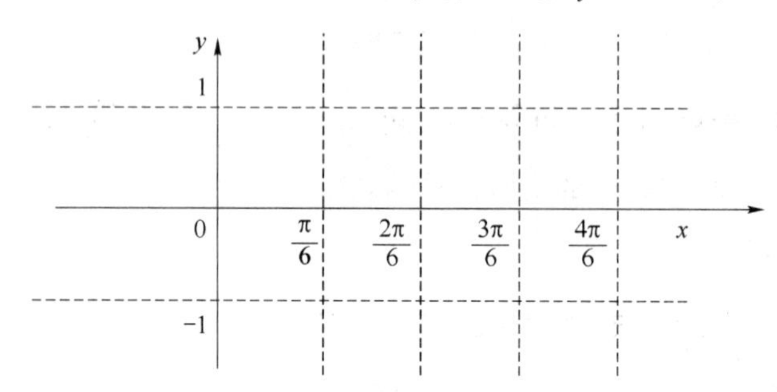

图 3-64

周期 $T=$ ________.

（2）$y=\sin\frac{1}{3}x$.

解： 令 $\frac{1}{3}x=u$，使 u 的值分别等于 0，$\frac{\pi}{2}$，π，$\frac{3\pi}{2}$，2π，求得 x.

列表、求值：求出表 3-32 中各空格的值.

表 3-32

$u=\frac{1}{3}x$	0	$\frac{\pi}{2}$	π	$\frac{3}{2}\pi$	2π
$x=3u$					
$y=\sin\frac{1}{3}x=\sin u$					

描点、连线：在图 3-65 中的直角坐标系内，作出函数 $y=\sin\frac{1}{3}x$ 在一个周期内的简图.

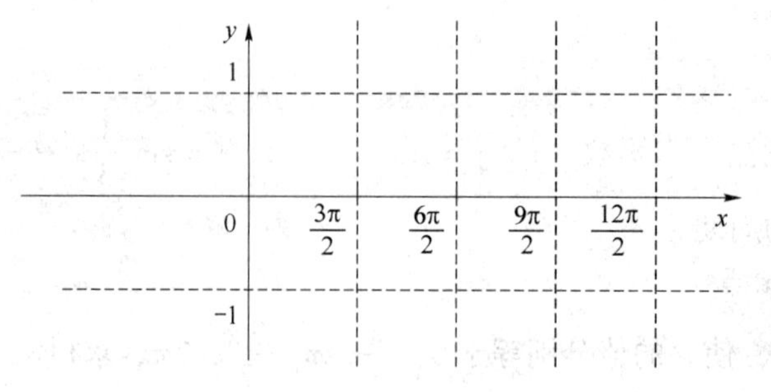

图 3-65

周期 $T=$ ________.

第三关　系数 φ 对函数 $y=\sin(x+\varphi)$ 图像的影响

1. 作图并总结规律

（1）用"五点作图法"作函数 $y=\sin\left(x-\frac{\pi}{2}\right)$ 在一个周期内的简图.

解： 令 $x-\frac{\pi}{2}=u$，使 u 的值分别等于 0，$\frac{\pi}{2}$，π，$\frac{3\pi}{2}$，2π，求得 x.

列表、求值：求出表3-33中各空格的值.

表3-33

$u=x-\frac{\pi}{2}$	0	$\frac{\pi}{2}$	π	$\frac{3\pi}{2}$	2π
$x=u+\frac{\pi}{2}$					
$y=\sin\left(x-\frac{\pi}{2}\right)=\sin u$					

描点、连线：在图3-66中的直角坐标系内，作出函数 $y=\sin\left(x-\frac{\pi}{2}\right)$ 在一个周期内的简图.

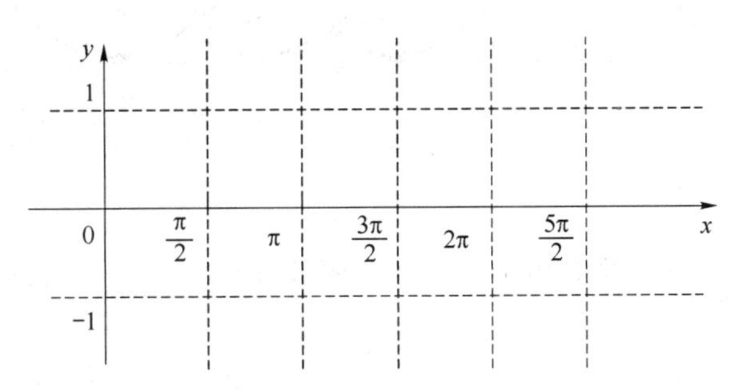

图3-66

（2）用"五点作图法"作函数 $y=\sin\left(x+\frac{\pi}{2}\right)$ 在一个周期内的简图.

解： 令 $x+\frac{\pi}{2}=u$，使 u 的值分别等于 0，$\frac{\pi}{2}$，π，$\frac{3\pi}{2}$，2π，求得 x.

列表、求值：求出表3-34中各空格的值.

表3-34

$u=x+\frac{\pi}{2}$	0	$\frac{\pi}{2}$	π	$\frac{3\pi}{2}$	2π
$x=u-\frac{\pi}{2}$					
$y=\sin\left(x+\frac{\pi}{2}\right)=\sin u$					

描点、连线：在图 3-67 中的直角坐标系内，作出函数 $y=\sin\left(x+\dfrac{\pi}{2}\right)$在一个周期内的简图．

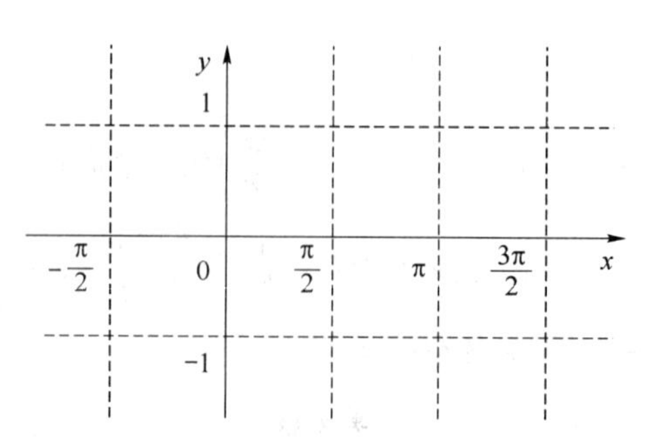

图 3-67

对比函数 $y=\sin x$，$y=\sin\left(x-\dfrac{\pi}{2}\right)$，$y=\sin\left(x+\dfrac{\pi}{2}\right)$，在一个周期内的简图（见图 3-68），然后分析讨论，完成填空并总结规律．

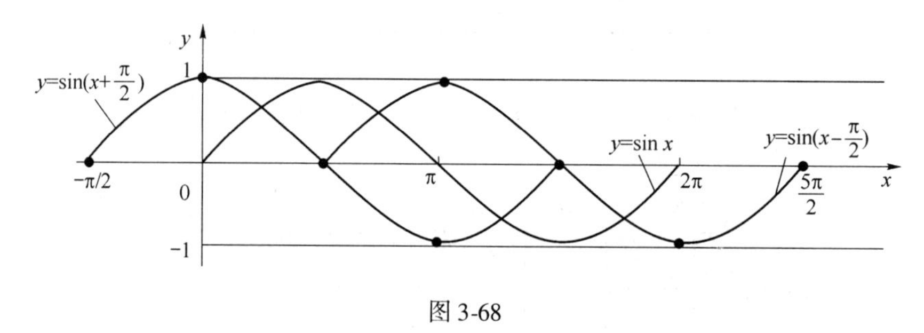

图 3-68

（1）填空．

① $y=\sin\left(x-\dfrac{\pi}{2}\right)$的图像是由 $y=\sin x$ 的图像向________（左/右）平移________个单位构成．

② $y=\sin\left(x+\dfrac{\pi}{2}\right)$的图像是由 $y=\sin x$ 的图像向________（左/右）平移________个单位构成．

（2）结论．

φ 的作用：

φ 使正弦函数的图像发生________________________变化；

$y=\sin$（$x+\varphi$）（$\varphi\neq0$）的图像是由 $y=\sin x$ 的图像向__________（左/右）平移________个单位而成．

φ 称为初相（角）．

2. 练习

用“五点作图法”作函数（1）$y=\sin\left(x+\dfrac{\pi}{3}\right)$；（2）$y=\sin\left(x-\dfrac{\pi}{3}\right)$在一个周期内

的简图．

（1）$y=\sin\left(x+\frac{\pi}{3}\right)$.

解：令 $x+\frac{\pi}{3}=u$，使 u 的值分别等于 0，$\frac{\pi}{2}$，π，$\frac{3\pi}{2}$，2π，求得 x.

列表、求值：求出表 3-35 中各空格的值．

表 3-35

$u=x+\frac{\pi}{3}$	0	$\frac{\pi}{2}$	π	$\frac{3}{2}\pi$	2π
$x=u-\frac{\pi}{3}$					
$y=\sin\left(x+\frac{\pi}{3}\right)=\sin u$					

描点、连线：在图 3-69 中的直角坐标系内，作出 $y=\sin\left(x+\frac{\pi}{3}\right)$在一个周期内的简图．

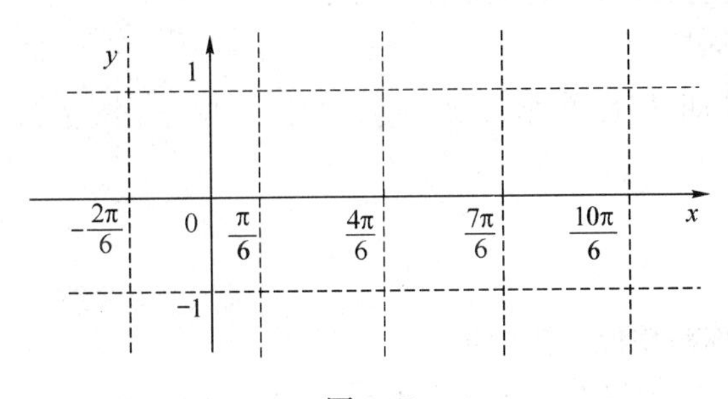

图 3-69

（2）$y=\sin\left(x-\frac{\pi}{3}\right)$.

解：令 $x-\frac{\pi}{3}=u$，使 u 的值分别等于 0，$\frac{\pi}{2}$，π，$\frac{3\pi}{2}$，2π，求得 x.

列表、求值：求出表 3-36 中各空格的值．

表 3-36

$u=x-\frac{\pi}{3}$	0	$\frac{\pi}{2}$	π	$\frac{3}{2}\pi$	2π
$x=u+\frac{\pi}{3}$					
$y=\sin\left(x-\frac{\pi}{3}\right)=\sin u$					

描点、连线：在图 3-70 中的直角坐标系内，作出函数 $y=\sin\left(x-\frac{\pi}{3}\right)$在一个周期内的简图．

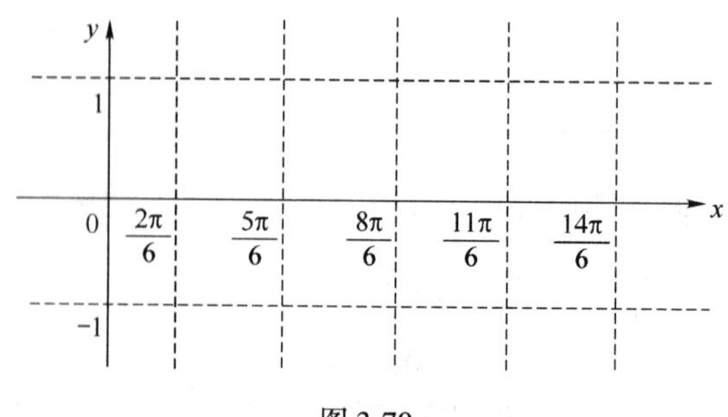

图 3-70

3.11.3 要点总结

1. 角频率

ω 称为角频率．

ω 的作用：ω 使正弦函数的周期发生变化．

ω 决定了函数的周期．

2. 系数 ω 与周期 T 的关系

$T=\frac{2\pi}{\omega}$.

3. 初相

φ 称为初相，也称初相位、初相角．

φ 的作用：使正弦型函数的图像发生平移. $y=\sin(x+\varphi)$（$\varphi\neq0$）的图像是由 $y=\sin x$ 的图像向左或向右平移 $|\varphi|$ 个单位而成．

φ 决定了函数的初相．

3.11.4 作业巩固

（1）用“五点作图法”作函数 $y=\sin\frac{2}{3}x$ 在一个周期内的简图，并指出其周期．

解：令 $\frac{2}{3}x=u$，使 u 的值分别等于 0，$\frac{\pi}{2}$，π，$\frac{3\pi}{2}$，2π，求得 x.

列表、求值：求出表 3-37 中各空格的值．

表 3-37

$u=\frac{2}{3}x$	0	$\frac{\pi}{2}$	π	$\frac{3}{2}\pi$	2π
$x=\frac{3}{2}u$					
$y=\sin\frac{2}{3}x=\sin u$					

描点、连线：在图 3-71 中的直角坐标系内，作出函数 $y=\sin\frac{2}{3}x$ 在一个周期内的简图．

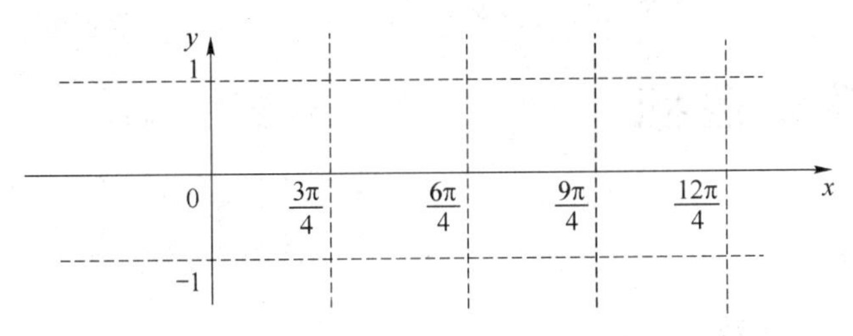

图 3-71

周期 $T=$ ________.

（2）用“五点作图法”作函数 $y=\sin\left(x+\frac{2\pi}{3}\right)$在一个周期内的简图．

解： 令 $x+\frac{2\pi}{3}=u$，使 u 的值分别等于 0，$\frac{\pi}{2}$，π，$\frac{3\pi}{2}$，2π，求得 x.

列表、求值：求出表 3-38 中各空格的值．

表 3-38

$u=x+\frac{2\pi}{3}$	0	$\frac{\pi}{2}$	π	$\frac{3}{2}\pi$	2π
$x=u-\frac{2\pi}{3}$					
$y=\sin\left(x+\frac{2\pi}{3}\right)=\sin u$					

描点、连线：在图 3-72 中的直角坐标系内，作出函数 $y=\sin\left(x+\frac{2\pi}{3}\right)$在一个周期内的简图．

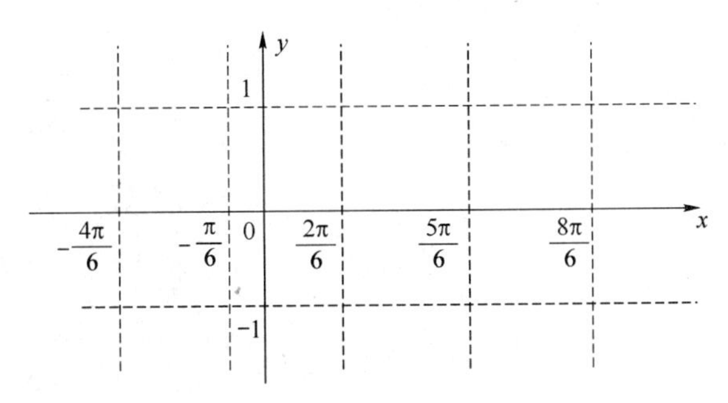

图 3-72

任务 3.12　正弦型函数与正弦交流电

3.12.1　教学目标

1. 知识目标

（1）会作正弦型函数 $y = A\sin(\omega x+\varphi)$ 的简图；

（2）掌握正弦型函数和正弦交流电的相关概念 .

2. 能力目标

（1）熟悉正弦型函数 $y = A\sin(\omega x+\varphi)$ 图像的变化规律；

（2）会应用正弦型函数和正弦交流电的相关概念解答相关习题 .

3. 素质目标

（1）学会观察图像，寻找研究方法；

（2）理解图像变化的实质，提高识图、画图、数形结合的能力 .

4. 应知目标

（1）求正弦型函数 $y = A\sin(\omega x+\varphi)$ 的周期 T.

（2）求正弦型函数 $y=A\sin(\omega x+\varphi)$ 的频率 f.

3.12.2　核心知识

第一关　闯关热身

已知正弦型函数 $y=A\sin(\omega x+\varphi)$.

（1）如图 3-73 所示，A 称为简谐振动的________，A 的作用：使正弦函数的________发生变化.

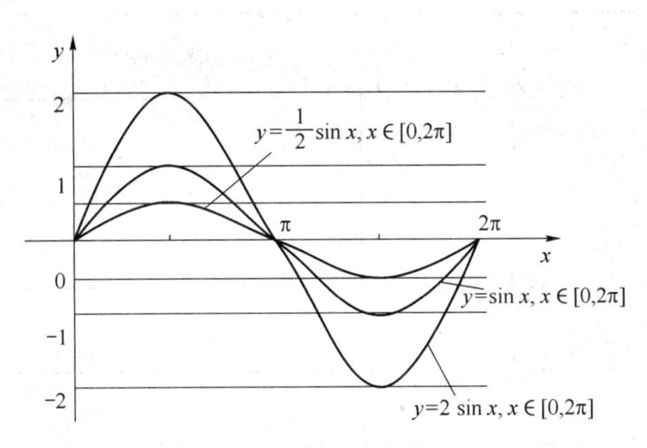

图 3-73

（2）如图 3-74 所示，ω 称为________. ω 的作用：使正弦函数发生________变化.

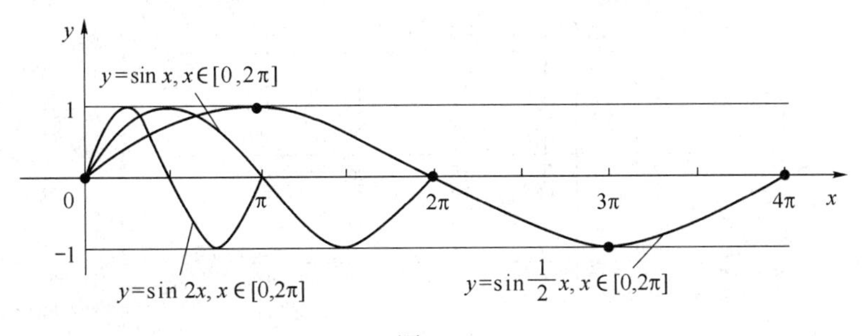

图 3-74

（3）如图 3-75 所示，φ 称为________. φ 的作用：使正弦函数的图像发生________.

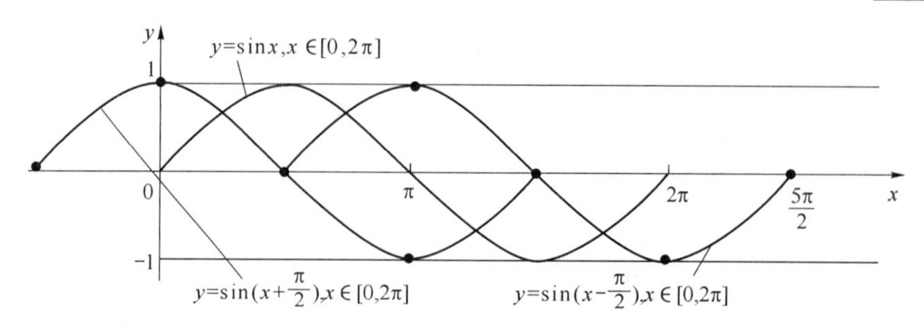

图 3-75

第二关　初见曙光——正弦型函数 $y=A\sin(\omega x+\varphi)$ 图像的画法

用“五点作图法”作函数 $y=3\sin\left(2x+\frac{\pi}{3}\right)$在一个周期内的简图 .

解：令 $2x+\frac{\pi}{3}=u$，使 u 的值分别等于 0，$\frac{\pi}{2}$，π，$\frac{3\pi}{2}$，2π，求得 x.

列表、求值：求出表 3-40 中各空格的值 .

表 3-40

$u=2x+\frac{\pi}{3}$	0	$\frac{\pi}{2}$	π	$\frac{3\pi}{2}$	2π
$x=\frac{u-\frac{\pi}{3}}{2}$					
$y=\sin\left(2x+\frac{\pi}{3}\right)=\sin u$					
$y=3\sin\left(2x+\frac{\pi}{3}\right)=3\sin u$					

描点、连线：在图 3-76 中的直角坐标系内，作出函数 $y=3\sin\left(2x+\frac{\pi}{3}\right)$在一个周期内的简图 .

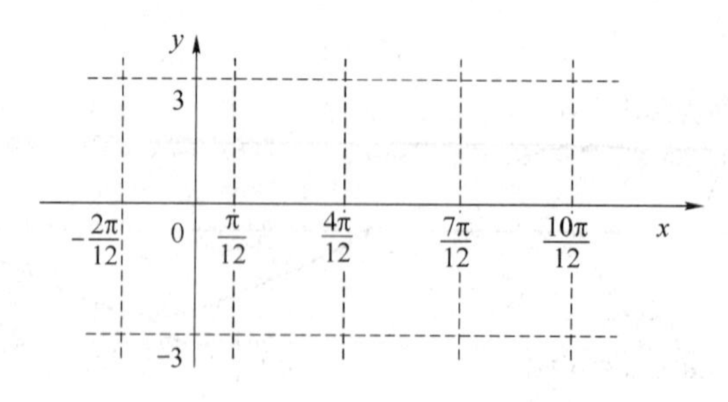

图 3-76

第三关　通关秘钥——正弦型函数和正弦交流电的关系

1. 正弦型函数

形如 $y=A\sin(\omega x+\varphi)$ 的函数，称为正弦型函数.

其中：A，ω，φ 均为常数，且 $A>0$，$\omega>0$，x 为实数.

2. 正弦交流电

电工学中，正弦电压瞬时值 $u=U_{\mathrm{m}}\sin(\omega t+\varphi_u)$，正弦电流瞬时值 $i=I_{\mathrm{m}}\sin(\omega t+\varphi_i)$.

它们统称为正弦量，其中，电压和电流都是同频率的正弦量.

3. 各参数定义

振幅 A：决定正弦型函数的最值——最大值 A，最小值 $-A$.

角频率 ω：决定正弦型函数的周期.

周期 T：往复振动一次所需要的时间，周期 $T=\dfrac{2\pi}{\omega}$，单位为秒（s）.

频率 f：单位时间内往复振动的次数，频率 $f=\dfrac{1}{T}=\dfrac{\omega}{2\pi}$，单位为赫兹（Hz）.

相位角 $\omega x+\varphi$：正弦量在任意时刻的电角度，称为相位角，也称相位或相角.

初相位 φ：$x=0$ 时的相位. 初相位也称初相角或初相.

4. 总结

比较：

正弦型函数 $y=A\sin(\omega x+\varphi)$；

正弦电流瞬时值 $i=I_{\mathrm{m}}\sin(\omega t+\varphi_i)$；

正弦电压瞬时值 $u=U_{\mathrm{m}}\sin(\omega t+\varphi_u)$.

三者相同之处：____；

三者不同之处：____.

第四关　小试牛刀——正弦型函数在正弦交流电中的应用

（1）用“五点作图法”作 $y=4\sin\left(\dfrac{1}{2}x+\dfrac{\pi}{4}\right)$ 在一个周期内的简图，并根据图像回答下列问题：

① y 的最大值是多少？y 的最小值是多少？

② y 的周期 T 是多少？

③ y 的频率 f 是多少？

④ 初相 φ 是多少？

解：求出表3-41中各空格的值.

表 3-41

$u=\frac{1}{2}x+\frac{\pi}{4}$	0	$\frac{\pi}{2}$	π	$\frac{3\pi}{2}$	2π
$x=2\left(u-\frac{\pi}{4}\right)$					
$y=\sin\left(\frac{1}{2}x+\frac{\pi}{4}\right)=\sin u$					
$y=4\sin\left(\frac{1}{2}x+\frac{\pi}{4}\right)=4\sin u$					

描点、连线：在图 3-77 中的直角坐标系内，作出 $y=4\sin\left(\frac{1}{2}x+\frac{\pi}{4}\right)$在一个周期内的简图.

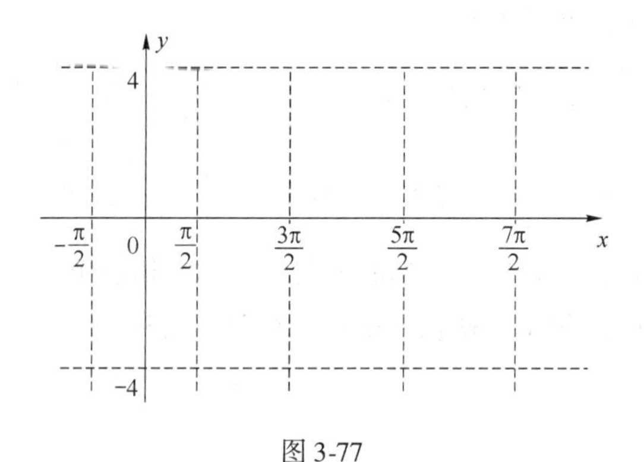

图 3-77

根据表 3-41、图 3-77 及相关公式得：

① y 的最大值是________，y 的最小值是________；

② y 的周期 $T=$________；

③ y 的频率 $f=$________；

④ 初相 $\varphi=$________.

（2）用“五点作图法”作出电流 $i=50\sin 100\pi t$ 在一个周期内的波形图，并根据图像回答下列问题（电流 i 的单位为 A，时间 t 的单位为 s）：

① 电流变化的周期 T 是多少？

② 电流 i 的最大值是多少？

③ 电流的频率 f 是多少？

④ 求 $t=0$ s，$\frac{1}{200}$ s，$\frac{1}{100}$ s，$\frac{1}{50}$ s 时电流的值.

说明：反映各质点在同一时刻不同位移的曲线，叫作波的图像，也叫作波形图．波形图即正弦交流电的图像.

解：求出表 3-42 中各空格的值.

表 3-42

$u=100\pi t$	0	$\frac{\pi}{2}$	π	$\frac{3\pi}{2}$	2π
$t=\frac{u}{100\pi}$					
$\sin 100\pi t=\sin u$					
$y=50\sin 100\pi t=50\sin u$					

描点、连线：在图 3-78 中的直角坐标系内，作出 $i=50\sin 100\pi t$ 在一个周期内的波形图 .

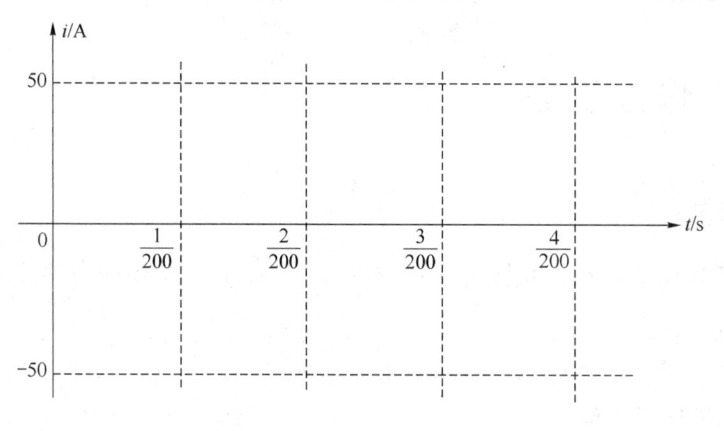

图 3-78

根据表 3-42、图 3-78 及相关公式得：

① 电流变化的周期 $T=$________；

② 电流的最大值 $i_{max}=$________；

③ 电流的频率 $f=$________；

④ $t=0$ s，$\frac{1}{200}$ s，$\frac{1}{100}$ s，$\frac{1}{50}$ s 时电流的值分别为________，________，________，________。

3.12.3　要点总结

1. 振幅

振幅 A：决定正弦型函数的最值——最大值 A，最小值 $-A$.

2. 角频率 ω

角频率 ω：决定正弦型函数的周期 .

3. 周期

正弦型函数的周期 $T=\frac{2\pi}{\omega}$，单位为秒（s）.

4. 频率

正弦型函数的频率 $f=\frac{1}{T}=\frac{\omega}{2\pi}$，单位为赫兹（Hz）.

5. 相位角

正弦型函数的相位角 $\omega x+\varphi$，也称相位或相角.

6. 初相

$x=0$ 时的相位 φ 称为初相，也称初相角或初相位.

3.12.4 作业巩固

1. 必做题

用“五点作图法”作正弦型函数 $y=2\sin\left(2x-\frac{\pi}{3}\right)$在一个周期内的简图，并根据图像回答下列问题：

（1）y 的最大值是多少？y 的最小值是多少？

（2）y 的周期 T 是多少？

（3）y 的频率 f 是多少？

（4）初相 φ 是多少？

解： 求出表 3-43 中各空格的值.

表 3-43

$u=2x-\frac{\pi}{3}$	0	$\frac{\pi}{2}$	π	$\frac{3\pi}{2}$	2π
$x=\frac{u+\frac{\pi}{3}}{2}$					
$\sin\left(2x-\frac{\pi}{3}\right)=\sin u$					
$y=2\sin\left(2x-\frac{\pi}{3}\right)=2\sin u$					

描点、连线：在图 3-79 中的直角坐标系内，作出 $y=2\sin\left(2x-\frac{\pi}{3}\right)$在一个周期内的简图.

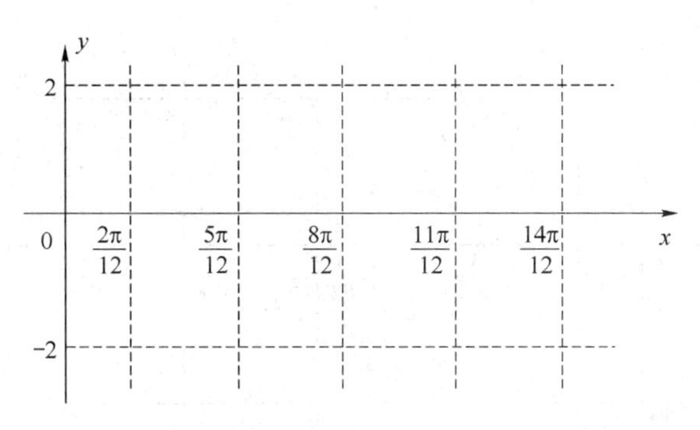

图 3-79

由表 3-43、图 3-79 及相关公式得到：

（1）y 的最大值是________，y 的最小值是________；

（2）y 的周期 $T=$________；

（3）y 的频率 $f=$________；

（4）初相 $\varphi=$________.

2. 选做题

已知正弦交流电电流 i（A）与时间 t（s）的函数关系式为 $i=30\sin\left(100\pi t-\frac{\pi}{4}\right)$，用“五点作图法”作出该函数在一个周期内的简图，并写出电流的最大值、周期、频率和初相.

解：求出表 3-44 中各空格的值.

表 3-44

$u=100\pi t-\frac{\pi}{4}$	0	$\frac{\pi}{2}$	π	$\frac{3\pi}{2}$	2π
$t=\frac{u+\frac{\pi}{4}}{100\pi}$					
$\sin\left(100\pi t-\frac{\pi}{4}\right)=\sin u$					
$i=30\sin\left(100\pi t-\frac{\pi}{4}\right)=30\sin u$					

描点、连线：在图 3-80 中的直角坐标系内，作出 $i=30\sin\left(100\pi t-\frac{\pi}{4}\right)$在一个周期内的简图.

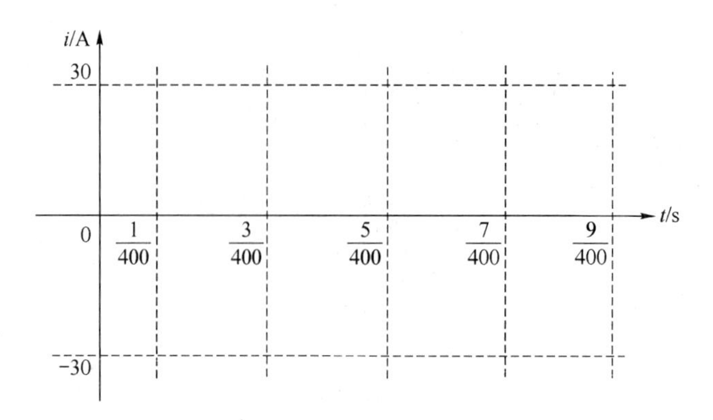

图 3-80

由表 3-44、图 3-80 及相关公式得到：

（1）电流 i 的最大值是________；

（2）周期 $T=$ ________；

（3）频率 $f=$ ________；

（4）初相 $\varphi=$ ________.

任务3.13　正弦型函数在电工中的应用

3.13.1　教学目标

1. 知识目标

（1）通过正弦型函数的学习，会求正弦交流电的三要素：振幅、频率、初相位；

（2）会利用已知量求正弦交流电解析式.

2. 能力目标

（1）能将正弦型函数与正弦交流电相结合，培养应用数学知识解决专业问题的能力；

（2）通过观察、理解正弦交流电的波形图来求正弦交流电的三要素，培养数形结合的能力.

3. 素质目标

（1）培养收集、处理信息，获取新知识的能力；

（2）培养对电工学学习的自信心和求知欲，激发学习热情、创新意识与创新欲望.

4. 应知目标

已知正弦电动势为 $e=13\sqrt{2}\sin(60\pi t+45°)$，求：

（1）电动势的最大值.

（2）角频率 ω.

3.13.2 核心知识

第一关 闯关热身

（1）填表.

完成表 3-45 中空格的填写.

表 3-45

$y=A\sin(\omega x+\varphi)$	最大值	最小值	周期 T	频率 f	相位	初相

（2）用“五点作图法”作函数 $y=3\sin\left(\frac{1}{2}x-\frac{\pi}{4}\right)$在一个周期内的简图.

解： 求出表 3-46 中各空格的值.

表 3-46

$u=\frac{1}{2}x-\frac{\pi}{4}$	0	$\frac{\pi}{2}$	π	$\frac{3\pi}{2}$	2π
$x=2\left(u+\frac{\pi}{4}\right)$					
$\sin\left(\frac{1}{2}x-\frac{\pi}{4}\right)=\sin u$					
$y=3\sin\left(\frac{1}{2}x-\frac{\pi}{4}\right)=3\sin u$					

描点、连线：在图3-81中的直角坐标系内，作出 $y=3\sin\left(\frac{1}{2}x-\frac{\pi}{4}\right)$ 在一个周期内的简图.

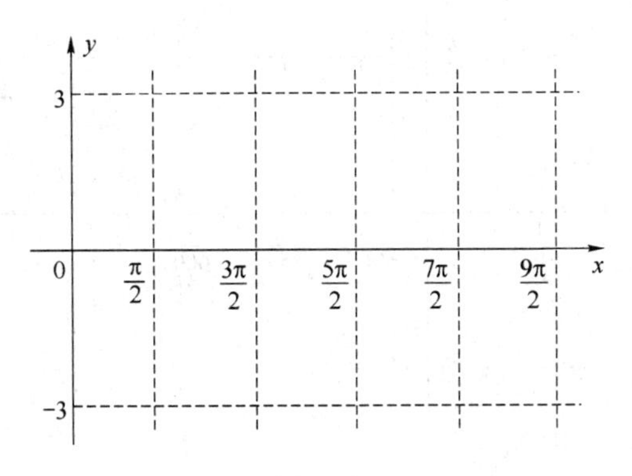

图3-81

（3）通过对三角函数知识的学习，同学们已经掌握了三角函数的概念、性质和图像，具备了一定的解决实际问题的能力．那么我们能否利用所学的知识，为电工学中的电流、电压概念提供数学模型呢？同学们，让我们把三角函数的知识，应用到电工学上，更深入地去解决实际问题吧！

决胜关　最终登顶——解决电工学中的实际应用问题

（1）已知正弦电动势为 $e=100\sqrt{2}\sin\left(100\pi t+\frac{\pi}{3}\right)$，求

① 电动势的最大值；

② 角频率、频率、周期；

③ 相位角、初相．

④ 作正弦电动势 $e=100\sqrt{2}\sin(100\pi t+\frac{\pi}{3})$ 在一个周期内的波形图.

解：求出表3-47中各空格的值．

表3-47

$u=100\pi t+\frac{\pi}{3}$	0	$\frac{\pi}{2}$	π	$\frac{3\pi}{2}$	2π
$t=\frac{u-\frac{\pi}{3}}{100\pi}$					
$\sin\left(100\pi t+\frac{\pi}{3}\right)=\sin u$					
$e=100\sqrt{2}\sin u$					

描点、连线：在图3-82中的直角坐标系内，作出正弦电动势 $e=100\sqrt{2}\sin$

$\left(100\pi t+\frac{\pi}{3}\right)$在一个周期内的波形图.

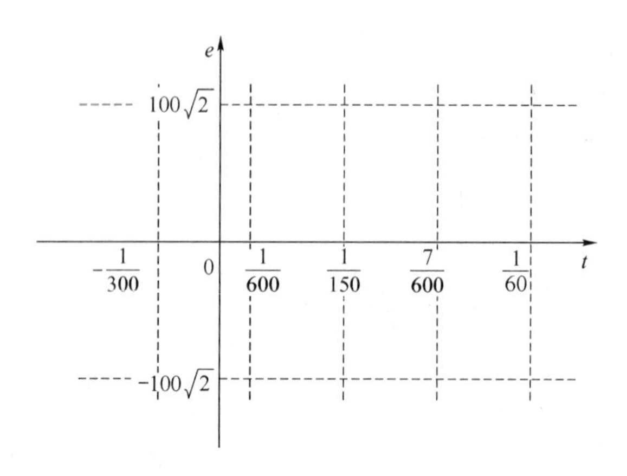

图 3-82

由表 3-47、图 3-82 及相关公式可得：

① 最大值：$e=$________.

② 角频率 $\omega=$________；频率 $f=\frac{\omega}{2\pi}=$________；周期：$T=\frac{1}{f}=$________.

③ 相位角 $\alpha=$________；初相 $\varphi=$________.

（2）已知一正弦电动势的最大值为 220 V，频率为 50 Hz，初相为 30°，

① 写出正弦电动势的解析式；

② 作出正弦电动势在一个周期内的波形图.

解：① 设正弦电动势的解析式为 $e=E_m\sin(\omega t+\varphi)$

由已知条件得：$E=$________；

因为 $f=$________Hz，所以$\frac{\omega}{2\pi}=$________Hz，

所以 $\omega=$________rad/s；

因为 $\varphi=30°=$________rad；

所以解析式为 $u=$________.

②作出波形图.

列表、求值：列出表 3-48 并求值.

表 3-48

$u=$________	0	$\frac{\pi}{2}$	π	$\frac{3\pi}{2}$	2π
$t=$________					
$e=$________					

描点、连线：在图3-83中的直角坐标系内，作出该正弦电动势在一个周期内的波形图.

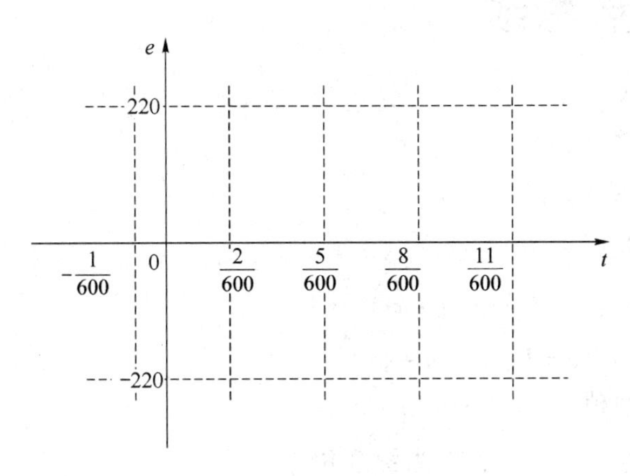

图3-83

（3）图3-84所示为一个按正弦规律变化的交流电波形图.

试根据该波形图指出它的周期、频率、角频率、初相并写出它的解析式.

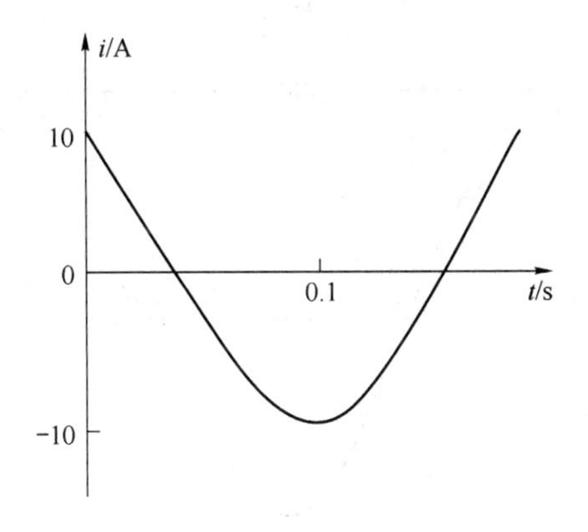

图3-84

解：观察图像可得：

周期：$T=$________s；

频率：$f=\frac{1}{T}=$________Hz；

角频率：$\omega=$________rad/s；

初相：当$t=0$时，$\omega t+\varphi=$________，

所以$\varphi=$________；

振幅：$I=$________.

设解析式为$i=I\sin(\omega t+\varphi)$，

得正弦交流电的解析式为$i=$____________________.

3.13.3 要点总结

1．正弦型函数

正弦型函数：$y=A\sin(\omega x+\varphi)$

2．正弦交流电瞬时值表达式

（1）电流瞬时值：$i=I_m\sin(\omega t+\varphi_i)$

（2）电压瞬时值：$u=U_m\sin(\omega t+\varphi_u)$

（3）电动势瞬时值：$e=E_m\sin(\omega t+\varphi_e)$

3．正弦交流电的三要素（见图 3-85）

$i=I_m\sin(\omega t+\varphi_i)$

↓ ↓ ↓

最大值 角频率 初相位

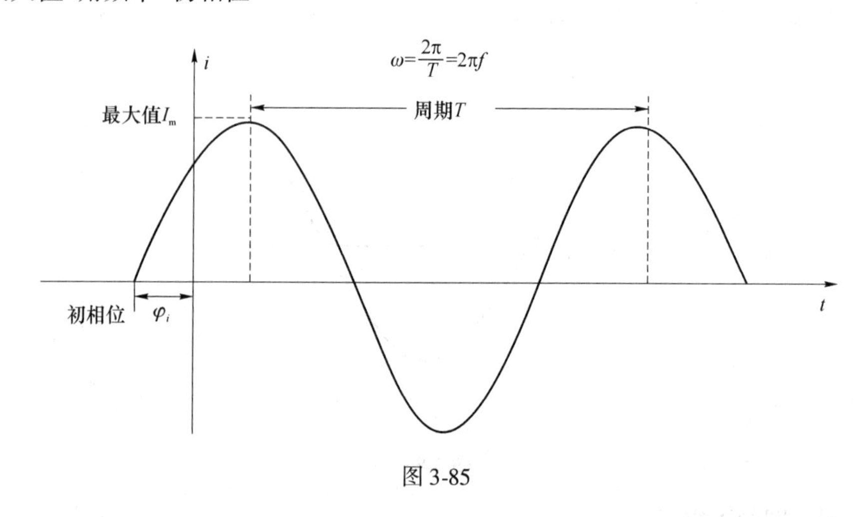

图 3-85

3.13.4 作业巩固

1．必做题

已知正弦电动势为 $e=65\sqrt{2}\sin(100\pi t-30°)$，求：

（1）电动势的最大值；

（2）角频率、频率、周期；

（3）相位、初相位．

（4）作正弦电动势 $e=65\sqrt{2}\sin(100\pi t-30°)$ 在一个周期内的波形图．

解：求出表 3-49 中各空格的值．

表 3-49

$u=$ ________	0	$\frac{\pi}{2}$	π	$\frac{3\pi}{2}$	2π
$t=$ ________					
$e=$ ________ $=$ ________ $\sin u$					

描点、连线：在图 3-86 中的直角坐标系内，作出正弦电动势 $e=65\sqrt{2}\sin(100\pi t-30°)$ V 在一个周期内的波形图．

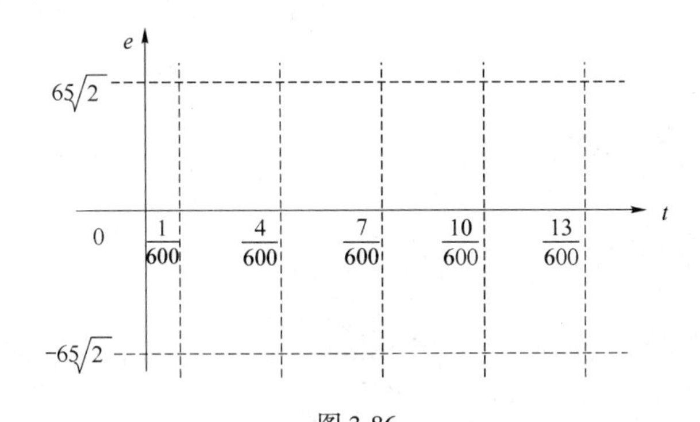

图 3-86

根据表 3-49、图 3-86 及相关公式可得：

（1）电动势最大值：$e=$ ________．

（2）角频率 $\omega=$ ________；频率 $f=$ ________；周期 $T=$ ________．

（3）相位角 $\alpha=$ ________；初相位 $\varphi=$ ________．

2. 选做题

已知：交流电的电流 i（A）随时间 t（s）按正弦型曲线变化，如图 3-87 所示。求：电流 i 与时间 t 之间的函数关系式．

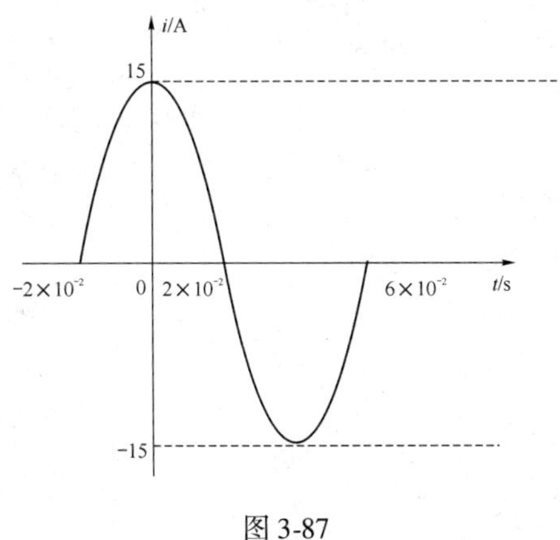

图 3-87

答：$i=$ ________，

由图 3－87 知 $T=$ ________；

所以 $\omega=$ ________；

因为________ $=0$，

所以 $\varphi=$ ________.

电流 i 与时间 t 之间的函数关系式为____________________.

参 考 文 献

[1] 人力资源和社会保障部教材办公室. 数学. 5 版. 北京：中国劳动社会保障出版社，2011.